致力于绿色发展的城乡建设

# 美好环境与幸福生活共同缔造

全国市长研修学院系列培训教材编委会　编写

中国建筑工业出版社

**图书在版编目（CIP）数据**

美好环境与幸福生活共同缔造／全国市长研修学院系列培
训教材编委会编写．—北京：中国建筑工业出版社，2019.6（2022.8重印）
（致力于绿色发展的城乡建设）
ISBN 978-7-112-23944-3

Ⅰ．①美…　Ⅱ．①全…　Ⅲ．①城乡建设－生态环境建
设－研究－中国　Ⅳ．①TU984.2 ②X321.2

中国版本图书馆CIP数据核字（2019）第136306号

责任编辑：尚春明　咸大庆　郑淮兵　王晓迪
封面照片来源：院前社济生缘合作社提供
责任校对：王宇枢

致力于绿色发展的城乡建设
**美好环境与幸福生活共同缔造**
全国市长研修学院系列培训教材编委会　编写
\*
中国建筑工业出版社出版、发行（北京海淀三里河路9号）
各地新华书店、建筑书店经销
北京锋尚制版有限公司制版
北京富诚彩色印刷有限公司印刷
\*
开本：787×1092毫米　1/16　印张：10¼　字数：144千字
2019年11月第一版　2022年8月第四次印刷
定价：80.00元
ISBN 978-7-112-23944-3
（34247）

# 全国市长研修学院系列培训教材编委会

# 贯彻落实新发展理念
# 推动致力于绿色发展的城乡建设

习近平总书记高度重视生态文明建设和绿色发展，多次强调生态文明建设是关系中华民族永续发展的根本大计，我们要建设的现代化是人与自然和谐共生的现代化，要让良好生态环境成为人民生活的增长点、成为经济社会持续健康发展的支撑点、成为展现我国良好形象的发力点。生态环境问题归根结底是发展方式和生活方式问题，要从根本上解决生态环境问题，必须贯彻创新、协调、绿色、开放、共享的发展理念，加快形成节约资源和保护环境的空间格局、产业结构、生产方式、生活方式。推动形成绿色发展方式和生活方式是贯彻新发展理念的必然要求，是发展观的一场深刻革命。

中国古人早就认识到人与自然应当和谐共生，提出了"天人合一"的思想，强调人类要遵循自然规律，对自然要取之有度、用之有节。马克思指出"人是自然界的一部分"，恩格斯也强调"人本身是自然界的产物"。人类可以利用自然、改造自然，但归根结底是自然的一部分。无论从世界还是从中华民族的文明历史看，生态环境的变化直接影响文明的兴衰演替，我国古代一些地区也有过惨痛教训。我们必须继承和发展传统优秀文化的生态智慧，尊重自然，善待自然，实现中华民族的永续发展。

随着我国社会主要矛盾转化为人民日益增长的美好生活需要和不平衡不充分的发展之间的矛盾，人民群众对优美生态环境的需要已经成为这一矛盾的重要方面，广大人民群众热切期盼加快提高生态环境和人居环境质量。过去改革开放 40 年主要解决了"有没有"的问题，现在要着力解决"好不好"的问题；过去主要追求发展速度和规模，现在要更多地追求质量和效益；过去主要满足温饱等基本需要，现在要着力促进人的全面发展；过去发展方式重经济轻环境，现在要强调"绿水青山就是金山银山"。我们要顺应新时代新形势新任务，积极回应人民群众所想、所盼、所急，坚持生态优先、绿色发展，满足人民日益增长的对美好生活的需要。

我们应该认识到，城乡建设是全面推动绿色发展的主要载体。城镇和乡村，是经济社会发展的物质空间，是人居环境的重要形态，是城乡生产和生活活动的空间载体。城乡建设不仅是物质空间建设活动，也是形成绿色发展方式和绿色生活方式的行动载体。当前我国城乡建设与实现"五位一体"总体布局的要求，存在着发展不平衡、不协调、不可持续等突出问题。一是整体性缺乏。城市规模扩张与产业发展不同步、与经济社会发展不协调、与资源环境承载力不适应；城市与乡村之间、城市与城市之间、城市与区域之间的发展协调性、共享性不足，城镇化质量不高。二是系统性不足。生态、生产、生活空间统筹不够，资源配置效率低下；城乡基础设施体系化程度低、效率不高，一些大城市"城市病"问题突出，严重制约了推动形成绿色发展方式和绿色生活方式。三是包容性不够。城乡建设"重物不重人"，忽视人与自然和谐共生、人与人和谐共进的关系，忽视城乡传统山水空间格局和历史文脉的保护与传承，城乡生态环境、人居环境、基础设施、公共服务等方面存在不少薄弱环节，不能适应人民群众对美好生活的需要，既制约了经济社会的可持续发展，又影响了人民群众安居乐业，人民群众的获得感、幸福感和安全感不够充实。因此，我们必须推动"致力于绿色发展的城乡建设"，建设美丽城镇和美丽乡村，支撑经济社会持续健康发展。

我们应该认识到，城乡建设是国民经济的重要组成部分，是全面推动绿色发展的重要战场。过去城乡建设工作重速度、轻质量，重规模、轻效益，重眼前、轻长远，形成了"大量建设、大量消耗、大量排放"的城乡建设方式。我国每年房屋新开工面积约 20 亿平方米，消耗的水泥、玻璃、钢材分别占全球总消耗量的 45%、40% 和 35%；建筑能源消费总量逐年上升，从 2000 年 2.88 亿吨标准煤，增长到 2017 年 9.6 亿吨标准煤，年均增长 7.4%，已占全国能源消费总量的 21%；北方地区集中采暖单位建筑面积实际能耗约 14.4 千克标准煤；每年产生的建筑垃圾已超过 20 亿吨，约占城市固体废弃物总量的 40%；城市机动车排放污染日趋严重，已成为我国空气污染的重要来源。此外，房地产业和建筑业增加值约占 GDP 的 13.5%，产业链条长，上下游关联度高，对高能耗、高排放的钢铁、建材、石化、有色、化工等产业有重要影响。因此，推动"致力于绿色发展的城乡建设"，转变城乡建设方式，推广适于绿色发展的新技术新材料新标准，建立相适应的建设和监管体制机制，对促进城乡经济结构变化、促进绿色增长、全面推动形成绿色发展方式具有十分重要的作用。

时代是出卷人，我们是答卷人。面对新时代新形势新任务，尤其是发展观的深刻革命和发展方式的深刻转变，在城乡建设领域重点突破、率先变革，推动形成绿色发展方式和生活方式，是我们责无旁贷的历史使命。

推动"致力于绿色发展的城乡建设"，走高质量发展新路，应当坚持六条基本原则。一是坚持人与自然和谐共生原则。尊重自然、顺应自然、保护自然，建设人与自然和谐共生的生命共同体。二是坚持整体与系统原则。统筹城镇和乡村建设，统筹规划、建设、管理三大环节，统筹地上、地下空间建设，不断提高城乡建设的整体性、系统性和生长性。三是坚持效率与均衡原则。提高城乡建设的资源、能源和生态效率，实现人口资源环境的均衡和经济社会生态效益的统一。四是坚持公平与包容原则。促进基础设施和基本公共服务的均等化，让建设成果更多更公平惠及全体人民，实现人与人的和谐发展。五是坚持传承与发展原则。在城乡建设中保护弘扬中华优秀传统文化，在继承中发展，彰显特色风貌，让居民望得见山、看得见水、记得住乡愁。六是坚持党的全面领导原则。把党的全面领导始终贯穿"致力于绿色发展的城乡建设"的各个领域和环节，为推动形成绿色发展方式和生活方式提供强大动力和坚强保障。

推动"致力于绿色发展的城乡建设",关键在人。为帮助各级党委政府和城乡建设相关部门的工作人员深入学习领会习近平生态文明思想,更好地理解推动"致力于绿色发展的城乡建设"的初心和使命,我们组织专家编写了这套以"致力于绿色发展的城乡建设"为主题的教材。这套教材聚焦城乡建设的 12 个主要领域,分专题阐述了不同领域推动绿色发展的理念、方法和路径,以专业的视角、严谨的态度和科学的方法,从理论和实践两个维度阐述推动"致力于绿色发展的城乡建设"应当怎么看、怎么想、怎么干,力争系统地将绿色发展理念贯穿到城乡建设的各方面和全过程,既是一套干部学习培训教材,更是推动"致力于绿色发展的城乡建设"的顶层设计。

专题一:**明日之绿色城市**。面向新时代,满足人民日益增长的美好生活需要,建设人与自然和谐共生的生命共同体和人与人和谐相处的命运共同体,是推动致力于绿色发展的城市建设的根本目的。该专题剖析了"城市病"问题及其成因,指出原有城市开发建设模式不可持续、亟需转型,在继承、发展中国传统文化和西方人文思想追求美好城市的理论和实践基础上,提出建设明日之绿色城市的目标要求、理论框架和基本路径。

专题二:**绿色增长与城乡建设**。绿色增长是不以牺牲资源环境为代价的经济增长,是绿色发展的基础。该专题阐述了我国城乡建设转变粗放的发展方式、推动绿色增长的必要性和迫切性,介绍了促进绿色增长的城乡建设路径,并提出基于绿色增长的城市体检指标体系。

专题三:**城市与自然生态**。自然生态是城市的命脉所在。该专题着眼于如何构建和谐共生的城市与自然生态关系,详细分析了当代城市与自然关系面临的困境与挑战,系统阐述了建设与自然和谐共生的城市需要采取的理念、行动和策略。

专题四:**区域与城市群竞争力**。在全球化大背景下,提高我国城市的全球竞争力,要从区域与城市群层面入手。该专题着眼于增强区域与城市群的国际竞争力，分析了致力于绿色发展的区域与城市群特征，介绍了如何建设具有竞争力的区域与城市群，以及如何从绿色发展角度衡量和提高区域与城市群竞争力。

**专题五：城乡协调发展与乡村建设。**绿色发展是推动城乡协调发展的重要途径。该专题分析了我国城乡关系的巨变和乡村治理、发展面临的严峻挑战，指出要通过"三个三"（即促进一二三产业融合发展，统筹县城、中心镇、行政村三级公共服务设施布局，建立政府、社会、村民三方共建共治共享机制），推进以县域为基本单元就地城镇化，走中国特色新型城镇化道路。

**专题六：城市密度与强度。**城市密度与强度直接影响城市经济发展效益和人民生活的舒适度，是城市绿色发展的重要指标。该专题阐述了密度与强度的基本概念，分析了影响城市密度与强度的因素，结合案例提出了确定城市、街区和建筑群密度与强度的原则和方法。

**专题七：城乡基础设施效率与体系化。**基础设施是推动形成绿色发展方式和生活方式的重要基础和关键支撑。该专题阐述了基础设施生态效率、使用效率和运行效率的基本概念和评价方法，指出体系化是提升基础设施效率的重要方式，绿色、智能、协同、安全是基础设施体系化的基本要求。

**专题八：绿色建造与转型发展。**绿色建造是推动形成绿色发展方式的重要领域。该专题深入剖析了当前建造各个环节存在的突出问题，阐述了绿色建造的基本概念，分析了绿色建造和绿色发展的关系，介绍了如何大力开展绿色建造，以及如何推动绿色建造的实施原则和方法。

**专题九：城市文化与城市设计。**生态、文化和人是城市设计的关键要素。该专题聚焦提高公共空间品质、塑造美好人居环境，指出城市设计必须坚持尊重自然、顺应自然、保护自然，坚持以人民为中心，坚持以文化为导向，正确处理人和自然、人和文化、人和空间的关系。

专题十：**统筹规划与规划统筹**。科学规划是城乡绿色发展的前提和保障。该专题重点介绍了规划的定义和主要内容，指出规划既是目标，也是手段；既要注重结果，也要注重过程。提出要通过统筹规划构建"一张蓝图"，用规划统筹实施"一张蓝图"。

专题十一：**美好环境与幸福生活共同缔造**。美好环境与幸福生活共同缔造，是促进人与自然和谐相处、人与人和谐相处，构建共建共治共享的社会治理格局的重要工作载体。该专题阐述了在城乡人居环境建设和整治中开展"美好环境与幸福生活共同缔造"活动的基本原则和方式方法，指出"共同缔造"既是目的，也是手段；既是认识论，也是方法论。

专题十二：**政府调控与市场作用**。推动"致力于绿色发展的城乡建设"，必须处理好政府和市场的关系，以更好发挥政府作用，使市场在资源配置中起决定性作用。该专题分析了市场主体在"致力于绿色发展的城乡建设"中的关键角色和重要作用，强调政府要搭建服务和监管平台，激发市场活力，弥补市场失灵，推动城市转型、产业转型和社会转型。

绿色发展是理念，更是实践；需要坐而谋，更需起而行。我们必须坚持以习近平新时代中国特色社会主义思想为指导，坚持以人民为中心的发展思想，坚持和贯彻新发展理念，坚持生态优先、绿色发展的城乡高质量发展新路，推动"致力于绿色发展的城乡建设"，满足人民群众对美好环境与幸福生活的向往，促进经济社会持续健康发展，让中华大地天更蓝、山更绿、水更清、城乡更美丽。

王蒙徽

2019 年 4 月 16 日

# 前言

幸福生活是人民群众普遍而永恒的追求，是中国共产党矢志不渝的奋斗目标。中国特色社会主义进入新时代，人民群众的幸福生活维度越来越多。人民群众对美好环境的要求越来越迫切、参与热情越来越高涨，生态环境在群众生活幸福指数中的地位日益凸显。美好环境与幸福生活共同缔造[1]就是要推动这两方面一体建设，通过发动群众自觉参与实现这两方面相互促进的行动。这是践行共产党人的初心和使命，贯彻落实以人民为中心发展思想，不断促进人的全面发展，切实增强人民群众的获得感、幸福感、安全感的必然要求；是新时代顺应人民群众最广泛、最直接、最迫切要求，践行党的群众路线，充分调动人民群众参与社会建设和治理的积极性、主动性和创造性的有力抓手；是贯彻落实新发展理念，推动生态文明建设，建设绿色家园，形成绿色发展方式和生活方式，完善共建共治共享社会治理格局的重要任务；是统筹推进"五位一体"总体布局和协调推进"四个全面"战略布局，实现人民幸福、社会文明、国家强盛、中国美丽同步发展的基础工程。

美好环境是优美的人居环境的目标，既包括自然生态环境，也包含人文社会环境。建设美好环境既是促进人与自然和谐的过程，也是让人民群众在共同行动中相识相知、增进社会和谐的过程，这两方面相辅相成、相互促进。推动美好环境建设根本目的是为了增进人民福祉，根本动力是人民群众的广泛参与。美好环境与幸福生活共同缔造的核心要义是在党的领导下，充分发动群众参与，在共同建设美好环境中增强人民群众的获得感、幸福感。共同缔造既是一种认识论，也是一种方法论。从人与自然、人与和谐发展的整体论出发，把城乡建设作为包含政治、经济、文化、社会、生态等各种因素的复杂系统来认识和把握，把以物质为主的环境建设和以组织为主的社会建设有机结合起来，进行统筹安排，实现相互促进。共同缔造的目标任务就是要按照创新、协调、绿色、开放和共享的要求，致力于把生态文明建设的理念、原则、目标融入人们的生活方式，把国家治理体系和治理能力现代化建设落实到城乡基层。具体来说，是以城乡社区为基本单元，充分发动居民群众着力建设完整社区，改善和提升公共空间、服务设施、人文环境，优化人居环境和人际关系，提升居民生活幸福指数和社会凝聚力，促进社会文明进步。

美好环境与幸福生活共同缔造的基本路径是从关系群众切身利益、便于激发群众参与热情的实事、小事、趣事做起。坚持有事好商量，众人的事由众人商量，努力寻找群众的共同意愿和最大公约数，广泛动员群众"共谋、共建、共管、共评、共享"，推动群众与政府的关系从"你和我"向"我们"转变；使群众对社区公共事务的态度从"要我做"变成"我要做"；使政府的工作方式从片面的强迫命令回归到深入细致的群众工作中来，实现环境改善与生活质量和人的素质提升相互促进。

近些年来，福建、广东、辽宁、湖北、青海等省的部分市（县）相继开展了美好环境与幸福生活共同缔造活动，探索不同类型社区的共同缔造路径，打造共建共治共享的社会治理格局，明显提升了居民幸福感和满意度，有效促进了政府治理方式创新和社会自治机制完善，优化了社会环境和文明风尚，形成了不少可复制、可推广的经验做法，出台了一些具有操作性、指导性的政策措施。实践证明，共同缔造是根据不同类型城乡社区的实际情况，建设完整社区、创新社区治理的有效途径，是不断满足人民日益增长的美好生活需要的务实举措，是促进国家治理能力与治理体系现代化的基础工程，从根本上说，是新时代践行党的群众路线、密切党群干群关系的民心工程。

本书旨在对美好环境与幸福生活共同缔造的内涵、意义、做法等进行阐释，以推动在全国城乡广泛、深入开展这项实践活动。着重回答什么是"共同缔造"，为什么要开展"共同缔造"，怎样开展"共同缔造"等问题，期望为深入开展"共同缔造"行动提供思路和工作指引。

# 目录

# 01

# 概　述

● 本章主要阐述美好环境与幸福生活共同缔造的含义及其与绿色发展的城乡建设的关系。

● 美好环境与幸福生活共同缔造实质是在党的领导下，通过协商共治，建立完整社区，形成人与自然、人与人之间和谐共生的关系，让良好的生态环境成为人民生活的幸福点、经济社会持续健康发展的支撑点、建设美丽中国的发力点，是践行绿色发展理念、建立绿色发展方式和生活方式的认识论和方法论。

# 1.1　基本含义

　　幸福生活是人民群众的共同追求，为人民谋幸福是我们党的初心和使命。让人民群众过上美好生活是全面建成小康社会的中心主题。习近平总书记反复强调，人民对美好生活的向往，就是我们的奋斗目标。带领人民创造幸福生活是我们党始终不渝的奋斗目标。我们的宗旨就是为人民服务，围绕着人民群众对幸福美好生活的追求来实践。

　　幸福的真谛在于奋斗。幸福都是奋斗出来的，奋斗本身就是一种幸福。只有奋斗，才能不断增强成就感、尊严感、自豪感，必须在奋斗中谋幸福。幸福的内容是具体的、发展的。随着新时代社会主要矛盾的转化，人民群众的美好生活需要也日益增长。人民群众不仅对物质文化生活提出了更高要求，对美好人居环境的要求也日益提高。因此，我们必须进一步发挥各级党组织的领导核心作用，发动和带领全体人民团结奋斗，从人民群众共同关心的具体事情入手，从解决影响人民群众生活质量的痛点难点问题做起，一步一个脚印、一棒接着一棒往前走。

　　美好环境与幸福生活共同缔造，是以习近平新时代中国特色社会主义思想为指导，坚持以人民为中心的发展思想，坚持新发展理念，以建立和完善全覆盖和全面发挥领导作用的基层党组织为核心，以增强人民群众的主人翁意识为动力，以人民群众对幸福美好生活的向往为目标，以群众身边的人居环境建设和整治为切入点，建设"整洁、舒适、安全、美丽"的城乡人居环境，打造共建共治共享的社会治理格局，使人民获得感、幸福感、安全感更加具体、更加充实、更可持续。具体而言，是以城乡社区为基本单元，从群众房前屋后的实事、日常生活中的小事、共同感兴趣的活动等切入，广泛发动群众"共谋、共建、共管、共评、共享"，凝聚社会共识，塑造共同精神，共建美好家园，共享幸福生活，着力构建"纵向到底、横向到边、协商共治"的城乡治理体系，不断提升人民群众的幸福感和满意度。

美好环境，就是"美好人居"，是物的因素和人的因素和谐共处的美好状态，是自然与人文和谐共融的宜居空间环境，是个人与社会、人与自然协调发展的理想空间环境，具有宜人、美观、健康、生态、有文化、有人情味、可持续等特点，体现在生态环境、人居生活、功能产业、城乡空间、文化景观等诸多维度。

美好环境与幸福生活共同缔造需统筹谋划、一体创建、相互促进，它既是人民群众享受幸福生活和实现人的全面发展的有机统一，又是在党的领导下各类社会主体协同参与美好环境和幸福生活的创建。

# 1.2 美好环境与幸福生活共同缔造是认识论

美好环境与幸福生活共同缔造在重新认识人与自然、个人与社会关系的基础上，理解并把握人民日益增长的美好生活需要，把工作的出发点和落脚点都放在增强人民获得感、幸福感、安全感上，共同建设绿色家园。

## 1.2.1 绿色家园是人类对美好人居环境追求的共同梦想

### （1）生态文明建设关乎人类未来，建设绿色家园是人类的共同梦想

习近平总书记明确指出："随着我国社会主要矛盾转化为人民日益增长的美好生活需要和不平衡不充分的发展之间的矛盾，人民群众对优美生态环境需要已经成为这一矛盾的重要方面，广大人民群众热切期盼加快提高生态环境质量。"[1] 改革开放 40 多年来，我国城乡建设主要解决了"有没有"的问题。伴随生活水平的提高，人民群众对美好环境和幸福生活提出了更多的要求，更需要着力解决"好不好"的问题。

1  习近平：《推动我国生态文明建设迈上新台阶》，《求是》2019 年第 3 期。

3

1　李郇、刘敏、黄耀福：
《共同缔造工作坊：社区
参与式规划与美好环境建
设的实践》，科学出版社，
2016，第5页。

**（2）人类发展史实质上是人类对人居环境的美好愿景不断探索与实践的过程**[1]

中国五千年延续的文明历史，有一脉相承的精神和代代相传的文化。古人注重水系改造，通过引水入村发展农业，而水环绕如带，又美化了人居环境。在长期的生活与生产实践中，人们创造了丰富的集体智慧，通过社会功能与自然的结合，解决人与自然的矛盾，实现人与自然的协调（图1-1）。

图1-1　人与自然协调的庭院

### （3）共同梦想能够激发人们的动力，形成良好的社会风尚

尽管梦想与愿景并不能马上实现，但凝聚了人们长期发展的智慧，代表了共同努力的方向和目标。更为重要的是，对幸福生活的向往作为发展的共识，能够成为一般性的原则，对人产生潜移默化的影响。共识能够激发人们的动力，使其愿意减少分歧，更加自觉地参与到公共秩序维护中，并且带动身边人共同改善周围环境，形成良好的社会风尚。

## 1.2.2 推动形成绿色发展方式和生活方式是发展观的革命

### （1）重新认识人与自然、个人与社会和谐共生的关系

"生态兴则文明兴，生态衰则文明衰"[1]体现了人与自然和谐共生的发展观，不仅强调人与自然之间的关系，也包括人与人之间的关系。党的十九大报告指出："人与自然是生命共同体，人类必须尊重自然、顺应自然、保护自然。"人居环境是人类和自然之间发生联系和作用的中介，人居环境建设本身就是人与自然相互联系作用的过程，[2]是人居环境发展、演变的基础，也是人类开展丰富多样的生产生活与具体的人居建设活动离不开的载体。诚如马克思所说，人与人的社会关系是在人与自然的关系的基础上，借助于生产实践形成和发展起来的。没有人与人之间的和谐相处，就谈不上人居环境的美好。在美好人居环境的建设过程中，要重视提高住宅建设质量，使"人人拥有适宜的住房"；重视建设适宜于不同群体的居住环境；重视合理组建人居社会，促进包括家庭内部、不同家庭之间、不同年龄之间、不同阶层之间、居民和外来者之间以及整个社会的和谐幸福等，实现人与社会和谐共处、共同发展。通过对人居环境建设中人与自然、人与社会等关系的梳理，可以发现美好的居住环境与幸福生活、和谐社会的建设是相互促进、相辅相成的。将生态文明为代表的新生态观融入人居环境的建设中，可创造出更为和谐、安定、美好的大家园。

1 习近平：《推动我国生态文明建设迈上新台阶》，《求是》2019年第3期。

2 王蒙徽、李郇：《城乡规划变革：美好环境与和谐社会共同缔造》，中国建筑工业出版社，2016，第53-55页。

### （2）推动形成绿色发展方式和生活方式是发展观的一场深刻革命

1 习近平总书记在中央政治局第四十一次集体学习时的重要讲话。

"推动形成绿色的发展方式和生活方式，就是要坚持节约资源和保护环境的基本国策，坚持节约优先、保护优先、自然恢复为主的方针，形成节约资源和保护环境的空间格局、产业结构、生产方式、生活方式，为人民创造良好生产生活环境。"[1] 绿色发展需要改变传统的"大量生产、大量消耗、大量排放"的生产模式和消费模式，使资源、生产、消费等要素相匹配相适应，实现经济社会发展和生态环境保护协调统一、人与自然和谐共处。改善生态环境就是发展生产力，坚持"绿水青山就是金山银山"的发展观；倡导简约适度、绿色低碳的生活方式，通过生活方式绿色革命，倒逼生产方式绿色转型。

### （3）绿色发展是人们共享现代化发展的基本要求，也是人们的基本追求

2 同上。

3 同上。

党的十九大报告指出，"我们要建设的现代化是人与自然和谐共生的现代化，既要创造更多物质财富和精神财富以满足人民日益增长的美好生活需要，也要提供更多优质生态产品以满足人民日益增长的优美生态环境需要"。[2] 美好环境与幸福生活共同缔造是追求绿色家园的目的，在于让全体社会能够共享美好环境，"让良好生态环境成为人民生活的增长点、成为经济社会持续健康发展的支撑点、成为展现我国良好形象的发力点"。[3]

## 1.2.3　美好人居环境关系到人民对幸福生活向往的切身利益

### （1）随着人们生活改善，美好人居环境是居民在追求幸福生活中迫切关注的问题

美好环境与幸福生活是新时代人民群众的普遍要求，是全社会最大的公约数。从建设美好环境与幸福生活入手，既能回应人民群众的

普遍期待，也能充分发挥基层党组织的作用，进一步密切党和人民群众的血肉联系。美好人居环境与居民切身利益直接相关，是居民迫切关注的问题，同时又是具有一定公共性的建设行动的载体。人居环境的改善与建设，最能激发居民的参与热情，同时也能通过每一家、每一户的共同努力，有效地实现社区整体风貌的美化与提升。[1] 人居环境中的房前屋后、公共空间等是居民实现良好互动的重要场所，是居民更为关心的地方，能够展现家庭、社区良好的风貌。发现和利用闲置地、边角地，让居民自己动手将其改造为良好的邻里交流空间，可以促进邻里之间走出家门，融入社区。[2]

### （2）美好的建成环境与和睦的邻里关系是幸福生活的重要内容

美好的建成环境为和睦的邻里关系发展提供了重要的基础。尺度适中、功能适宜的建成环境，是社区居民工作劳动、生活居住、休息游乐和社会交往的场所空间，有利于和睦邻里关系的培育和发展。和睦的邻里关系是建成环境维持优良状况的保障，也是建成环境进一步优化的重要催化剂。和睦友好、交流通畅的邻里关系，能形成不成文的场所行为约束，变成公约。邻里之间通过互相监督提醒，共同维护良好的建成环境。同时，人们容易通过和睦的邻里关系达成共识，对建成环境提出更完善的设想，能进一步推动建成环境优化提升。美好的建成环境反映了人与自然的和谐，也反映了城乡与自然的和谐。和睦的邻里关系形成守望相助的空间格局。我国以家庭为基本单位，素有"远亲不如近邻，近邻不如隔壁""亲帮亲、邻帮邻"等谚语流传。邻里互助范围从工作生产到日常生活都有。从日常互相看护儿童、共同育儿的小事，到婚丧嫁娶、天灾人祸等大事，一个家庭都不可能单独完成，需要邻里之间互帮互助。[3] 邻里之间相互倡导善行，推行美好礼俗，患难时互帮互助，最终建成互帮互助的善美邻里环境。

1 王蒙徽、李郇：《城乡规划变革：美好环境与和谐社会共同缔造》，中国建筑工业出版社，2016，第105页。

2 李郇、刘敏、黄耀福：《共同缔造工作坊：社区参与式规划与美好环境建设的实践》，科学出版社，2016，第31-32页。

3 徐勇：《中国家户制传统与农村发展道路——以俄国、印度的村社传统为参照》，《中国社会科学》2013年第8期。

> **人居环境对人影响巨大，需选择仁善的邻里环境**
>
> 子曰："里仁为美。择不处仁，焉得知？"
>
> ——《礼记·里仁》
>
> 朱熹注："里有仁厚之俗为美。择里而不居于是焉，则失其是非之本心，而不得为知矣。"
>
> 张居正注："若下居者，不能拣择仁厚之里而居处之，则不知美恶，不辨是非，起心昏昧而不明甚矣，岂得谓之智乎！"

### 1.2.4　实现绿色发展核心是人，关键是建立共建共治共享的社会治理体系

#### （1）生态文明是共同事业，实现绿色发展需要人人参与

1 习近平：《推动我国生态文明建设迈上新台阶》，《求是》2019 年第 3 期。

"生态文明是人民群众共同参与共同建设共同享有的事业，要把建设美丽中国转化为全体人民自觉行动。每个人都是保护者、建设者、受益者，没有哪个人是旁观者、局外人、批评家，谁也不能只说不做、置身事外。"[1] 人与人之间的相互联系是在共同建设自己美好家园的生产和劳动过程中产生的，实现绿色发展核心是需要大家共同建设。恩格斯提到，"劳动创造了人类"，人是具有社会性的，缺乏共同参与难以营造社会和谐。因此，美好环境与幸福生活共同缔造是实现人与自然和谐共生的手段，也是实现人与人和谐共生的手段。人与自然的和谐能够成为人与人和谐的载体，通过尊重自然发展规律提升自己的生活水平，营造良好的社会关系。美好环境与幸福生活共同缔造既是目的也是手段。共同缔造让发展惠及群众，让生态促进经济，让服务覆盖城乡，让参与铸就和谐。

#### （2）美好环境与幸福生活共同缔造是治理的过程

共同缔造以建立和完善全覆盖的基层党组织为核心，强调以人为本的理念。共同缔造不仅是建立人与人之间和谐关系的过程，也是建立人与自然之间和谐关系的过程。共同缔造倡导"有序空间与宜居环

境"的结合。共同缔造中,人是促进历史发展的核心,群众中有大智慧。共同缔造强调"人民城市人民建,城市即人民"的理念,把人放在城乡建设中最重要的地位。

建立共建共治共享的治理体系,通过发动群众积极参与美好环境与幸福生活共同缔造,将实现绿色发展转化为居民的自觉行动。城乡的发展与建设本质上是对空间资源的使用、对收益进行分配和调整的过程,反映了不同主体的价值诉求。绿色发展涉及政府、企业、居民等多元主体,致力于绿色发展的城乡建设也是推动现代治理体系构建的过程。美好环境与幸福生活共同缔造需要协调政府、市场、社会公众的诉求,需要顾及长远与眼前、效益与公平、局部与综合、个体与群体诸多矛盾,还需要统筹政治、经济、社会、生态、文化、技术等等的关系。共同缔造并非单纯的投资与建设的问题,还是一个面对社会、环境变化的政治、经济、文化的治理过程,也是一个反复协商、达成共识、共同建设美好环境的治理过程。共同缔造之所以能够发挥成效,正因为其能够围绕不同主体所共同关注的美好环境与幸福生活的主题,让政府、企业、群众共同参与,凝聚社会发展合力,让不同主体充分发挥所长;以城乡建设为抓手,在美好愿景的引导下,共同建设美好人居环境,不断提高群众的获得感与幸福感。

### 吴良镛《再寄中青年城市学者》

"人居环境的核心是人,是最大多数的人民群众,人居环境与每个人的利益切切相关,人居环境科学是普通人的科学,人居环境建设是全人类的共同事业,创造有序空间与宜居环境是治国安邦的重要手段。在城镇化进程中,住房,特别是社会住房,并不单纯是一个盖房子的问题,而是与城市的全面、整体和持续发展紧密相关的安居工程,涉及经济、社会等多个领域的体制改革,房地产的发展应逐步地增强社会公益的内涵,努力满足不同居民,特别是低收入居民住房权益需求。"

### 1.2.5　人居环境建设是绿色发展的重要抓手

#### （1）人居环境是重塑社会关系的空间载体

空间是人与自然产生密切联系的重要载体，也是人与人产生相互联系的重要场所。空间不仅被社会关系支持，也生产社会关系和被社会关系所生产。人们基于空间开展的各项行为活动，都有利于新型社会关系的构筑。因而，城乡建设从空间改造切入人居环境改善和提升的实践，可有效带动社会关系的变化，从而重塑邻里关系，构建和谐社会。从全国多地开展的共同缔造实践可见，公共空间和房前屋后的环境改造可有效促发群众参与，是激发群众的创造能力、有效提高城市治理能力、形成治理持久动力的重要抓手。

#### （2）公共空间建设是发动群众、组织群众的抓手

公共空间作为城乡居民社会交往的主要场所，其建设是发动群众、组织群众的抓手。从居民需求出发对公共空间的改造，使公共空间摆脱过于仪式性的特征，回归到人的活动尺度，从而成为富有使用价值的空间。这不仅是场所精神的再造，更重要的是，它使居民在共同利益的驱动下，在共同劳动的过程中，逐渐摆脱现代化发展带来的社会集体破碎化等问题，重构集体活动与社会组织，在相互间广泛的交流活动中建立新的和谐关系。厦门的镇海社区、小学社区、海虹社区与兴旺社区，通过社区小广场等公共空间建设活动，在重构老社区和谐关系的同时，促进新社区的组织发展。

#### （3）房前屋后建设是人居环境建设的切入点

房前屋后是家庭私人空间转向公共空间的过渡地带，也是连接个人与社会的空间。房前屋后的空间直接涉及群众的自身利益，其建设是人居环境的切入点，故其改造与建设过程，更易于发动与组织群众。通过集体行为将对自身利益的强调与重视转化为对集体利益的贡献与分享，有效打破居民清晰的公私界限，突破居民内心社会隔阂，激发居民共同参与家园建设的热情与意识，由此形成社会和谐共融的良好局面（图 1-2）。

图 1-2　具有活力的房前屋后空间

# 1.3　美好环境与幸福生活共同缔造是方法论

　　美好环境与幸福生活共同缔造体现在城乡规划、建设和管理的全过程，致力于将绿色发展理念体现在城乡发展规划中，落实到建设管理的各个环节和居民日常生活方式中，努力形成共识、加强共建、实现共享，为建设美好环境和幸福生活增添持久的内生动力，形成一套有效的共建共治共享的方法和路径。

## 1.3.1　共建美好家园是幸福生活的载体

### （1）坚持以人为本，让发展成果更多更公平地惠及全体人民

　　"共同缔造"通过充分发挥党组织的领导作用，坚持问题导向，从群众的实际需要出发，发挥居民群众的主体作用，搭建人人参与、人人有责、人人共享的平台和载体，让大家在共同劳动、共同生活中

相识、相知，增进和谐，形成命运共同体，实现美好家园由大家共同建设的目标。人民的创造力是发展的根本动力，需要以群众为主体自动自觉参与社会事务。共同缔造在把握人与自然、人与社会和谐关系的基础上，着力建设生态环境明秀美、人居生活和乐美、功能产业活力美、城乡空间品质美、文化景观精致美的宜居空间和理想社会，实现生活富裕、社会和谐、民主法治、文明进步和生态优美的有机统一。

### （2）把美好家园建设融入居民的日常生活方式和行为模式

共同缔造以空间环境改善为载体，通过制度建设培育精神、发展产业。共同缔造以培育精神为根本，通过制度建设把社区文化、发展机制稳固并延续下去，让共同缔造成为居民日常生活的方式，促进美好环境建设的可持续发展；共同缔造以奖励优秀为动力，激发群众的热情，促进群众参与到共同缔造的过程中；共同缔造以分类统筹为手段，因地制宜，而不是采取统而泛的方法；共同缔造以组织建设为平台，重新凝聚社区分散的个人，变生人社会为熟人社会，推动社会融合。

## 1.3.2　探索人居环境建设的新模式

### （1）传统的规划建设管理多是自上而下，规划师和群众是"你和我"的关系

传统规划建设为社区的发展确定了"所有"的工程项目，比如修建娱乐场所、拓宽道路等，旨在为社区绘制一幅符合相关规范的完整的图纸。但是这种千篇一律的做法往往会遗漏一些真正需要加以改善或提升的工作事项，也忽略了该如何鼓励群众积极发现社区的特点并加以利用、保护的问题。传统规划建设偏重物质空间改造，强调建设与工程项目，群众往往处于被动接受他人所作的安排状态，传统规划建设难以应对复杂环境中可能产生的种种无法预测的变化。与传统规划建设不同，共同缔造是在党的领导下以项目实施为导向的行动，根

据大环境而临时应变，强调三个方面：以社区居民为主体，由群众自动自发参与社区事务；整合国家的相关资源，尤其是行政上的支持，包括提供技术指导与经费补助；以改善居民日常生活为目的，包括经济生活、社会关系、文化环境等多元层面的改善。

### （2）强调在规划、建设和管理中形成共识，共建共管

共同缔造不是单纯的投资与建设过程，更是一个面对社会、环境变化的政治、经济、文化的管理过程；不仅是建立人与人之间和谐关系的过程，也是建立人与自然、人与社会、社会与自然之间和谐关系的过程。爱德华·格莱泽在《城市的胜利》一书中写道："城市不是没有生命的建筑物，真实的城市是有血有肉的，而不只是钢筋混凝土的合成物而已。"人创造人居环境，人居环境又对人的行为产生影响。因此，美好环境与幸福生活需要通过社区居民的行动共同实现，在规划中形成共识，在建设中形成共建。

---

**人居环境规划建设原则**

注重区域特征，彰显地方特色。

改善空间品质，营造集聚中心。

重视历史文化，建构集体记忆。

丰富邻里活动，凝聚社会关系。

---

### （3）正确认识人与社区的关系，寻找社区发展问题[1]

社区是连接空间、经济、社会的载体，人处于核心位置。社区与人的行为规范之间存在密切的联系，当这种归属或者认同的联系消失，人与社区之间的关系出现脱节时，就可能产生一系列社会问题。从这些问题出发是新社区规划建设的第一步。

### （4）居民是社区人居环境规划建设的主体

在社区人居环境建设过程中，政府影响着地方决策和建设的内容与建设量；企业主要包括投资商、开发商、运营商等，规划并建设了

1 本部分（3）（4）（5）结合李郇、黄耀福、刘敏《新社区规划：美好环境共同缔造》撰写。

13

大量的公共空间；居民包括生活在社区当中的人和因为邻里关系、商业关系和各种现实问题（包括兴趣等）组合在一起的团体，是社区的主要使用者。这三者之间并非自上而下的线性关系，而是相互影响的。在这三者中，居民的主动性尤为重要。社区是居民长期生活的地方，社区的大小事务与居民息息相关。人居环境规划建设的实质就是要重建居民对地方的认同感，培养良好的睦邻关系，使其获得稳定的精神生活家园。

### （5）利用物质空间改造，重构社会关系

人居环境建设的内容包括社区的物质环境、人的活动以及社会关系三大方面，核心在重构社会关系。物质环境是自然因素和社会因素相互作用的产物，是人活动得以发生的载体。组成物质环境的要素虽然是简单的，但是在不同的自然、社会、经济、政治和文化的作用下，会产生不同的空间形态。人的活动是人居环境规划建设的重要内容，活动本身也是社区存在的意义。此社区之所以不同于彼社区，是因为社会活动的构建、选择、传承，可以将一个物质的空间最后转化为一个具有特定象征意义和空间体验的场所；同时，居民主动参与共同缔造，会对社区产生情感依恋——人居环境规划建设本身就是一种行之有效的活动。通过活动，社区成为集聚的中心，在反复的日常生活中，逐渐建构个人的体验记忆与集体的共同意识。社会关系是人与社区之间、人与人之间的情感依附，地方认同感产生的核心是营造一种邻里关系。[1] 通过新社区规划建设，借助物质环境的改善与人的活动的良好作用，人们可以形成社区的发展共识，以社区为纽带凝聚邻里关系，重唤地方感。

### （6）提倡公众参与是人居环境建设的价值取向

最为重要的是人居环境建设倡导公众参与。公众参与实际上贯穿于人居环境建设的每一环节。社区居民的参与可以促使大家关心并且热爱自己的社区，在规划建设中形成共识，并且在活动中可以相互合作，从而增强对社区的认同感。人居环境建设倡导居民自发营造空间，倡导通过集体行动建设宜居环境。每个街坊都有自己独特的社会

1 王蒙徽、李郇、潘安：《云浮实验》，中国建筑工业出版社，2012，第5页。

背景。随着时间流逝，它甚至会因此得到一个集体认同的称号。不管这个称号是否可以保留，每个街坊的特征都不会改变，它的名字会成为未来的遗产。也就是说，生活在街坊里的居民的每种行为，包括日常事务、节庆活动等都会影响它的特征、社会空间格局等，这些又会在文化中熏陶影响居民自己，对居民自己的行为作出约束。因此，居民参与共同缔造，不仅可以改善社区的空间品质、创造交往空间，还可以通过自身参与这一"事件"，构建集体的行为规范，从而增强对社区的认同感，促进社会融合。

# 1.4 完整社区是绿色发展的城乡基本单元

构建完整社区是实现绿色发展的基础，同时建设完整社区也是致力于绿色发展的城乡建设的要求。二者是相辅相成、相互促进的整体。通过完整社区处理好人与自然、社会的和谐共生关系，实现绿色发展。

## 1.4.1 绿色发展与完整社区的关系

### （1）完整社区规划建设的出发点是居民的切身利益

吴良镛先生指出"社区是人最基本的生活场所，完整社区规划与建设的出发点是基层居民的切身利益，不能仅当作一种商品来对待，必须要把它看成从基层促进社会发展的一种公益事业"。[1] 完整社区的建设不仅包括基本居住空间的"硬件"建设，还包括安保、教育、医疗保健、休闲娱乐等"软件"建设，即建设美好的居住环境的同时，提供完善的社区服务。

1 吴良镛：《明日之人居》，《资源环境与发展》2013年第1期。

### （2）建设完整社区是推动绿色发展的基础

建设完整社区是从城市基本空间单元——社区——出发，通过对人的基本关怀，促进城乡建设的绿色发展，最终实现美好环境与幸福生活的发展愿景。绿色发展涉及自然、经济、社会等多方面的和谐与可持续发展，通过共同建设绿色家园，让全体社区居民能够共享美好环境。完整社区强调社区中人与自然、生态、建成环境以及人与人之间的协调共生发展，倡导绿色的发展方式与生活方式，形成良好的社会风尚。

## 1.4.2　体现绿色发展的完整社区要素

完整社区要素（图 1-3）包括完善的社区基础设施、宜人的公共空间、完备的服务体系、坚实的治理体系和共同的社区认同感。

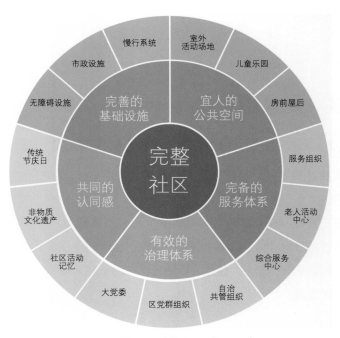

图 1-3　完整社区要素

### （1）完善的基础设施

社区基础设施包括公共服务设施与市政设施，是社区居民生产生活最基本的物质载体与公共保障，是社区提供最基本服务内容的主要部分，与居民日常生活息息相关。因此，完整社区要求社区建设拥有完善的基础设施，作为完整社区的"硬件"保证。随着居民生活需求日益多样化，以及对生活质量的要求日益提升，人们对服务于老人、儿童、残疾人等的设施，如平坦无障碍的人行通道、设有扶手的楼梯、儿童早教中心、残疾人康复中心等的建设更为重视。

### （2）宜人的公共空间

公共空间建设为社区居民提供了丰富的自然与人文景观，一则提升社区整体风貌，二则为居民生活增添情趣与乐趣。同时，作为连接各类公共服务设施的缓冲地区，公共空间承担一定的交通和集散功能，在紧急时刻可作为避难场所。更为重要的是，在日常生活中，公共空间是居民日常交流沟通、举办活动的重要场所，人们依托公共空间内的互动过程，打破相互隔阂、促发融合，重构社会关系网络。[1] 可见，宜人的公共空间在社区美好环境与幸福生活建设两方面，均发挥重要的作用。

1 吴良镛：《人居环境科学导论》，中国建筑工业出版社，2001，第37-146页。

### （3）完备的服务体系

完整社区的建设以基层居民的切身利益为根本出发点，当传统的社区服务与管理体系已无法满足社区居民诉求时，社区服务与管理体系的更新与完善尤为重要。特别是依托电子信息与网络平台，提供丰富多彩的生活资讯、就业信息、"一站式"服务的呼声日渐增多，而依托现代信息技术，进行社区信息搜集、事务管理，也成为新形势下社区管理方式转变的必然趋势。

### （4）有效的治理体系

通过治理主体的多元化、治理过程互动化、治理结构扁平化以及治理目标内生化，兼容的治理体系形成，并成为完整社区"软件"建设的长期可持续发展保障。完善"社区统筹引导、居民规范参与、社会多元共管、企业同驻共建"参与机制，确立治理基础；强化"以奖代补"与"典型示范"的激励机制，提供共同缔造的动力。

### （5）共同的认同感

重构社区内社会关系，塑造社区认同感与归属感，有赖于具有认同感的社区文化的建设。社区文化是社区成员在特定历史条件下，在社会实践中共同创造的具有本社区特色的精神财富及其物质形态。社区文化可以通过传统文化的传承、现代文化的培育、社区活动的举办等诸多方法来建设。美好环境与幸福生活的建设与发展融合在社区文化的建设过程中，而社区文化的形成也为其发展提供更为持久的动力与支持。具有认同感的文化建设是完整社区"软件"建设的核心内容。

## 1.4.3　完整社区的指标体系

完整社区的指标体系包括"六有""五达标""三完善""一公约"，涵盖人居环境、基础设施、管理制度、活动建设等方面内容（表1-1）。

完整社区的指标体系一览表　　　　表 1-1

| 体系 | 指标 | 备注 |
| --- | --- | --- |
| 六有 | 一个综合服务站 | 提供基本的社区服务、卫生服务、养老服务，提供图书等文化资源，设立社区快递点等 |
| | 一个幼儿园 | 考虑儿童出行的交通安全性，避免幼儿园主要出入口直接面对车流量大的公路 |
| | 一个公交站点 | 尽量在居民步行区 500m 范围内，综合设置自行车停车设施 |
| | 一片公共活动区 | 利用街头巷尾、闲置地块改造为公共活动空间，在老龄化社区注重无障碍设施，建设友邻中心，在北方社区注重增加室内公共空间 |

续表

| 体系 | 指标 | 备注 |
|---|---|---|
| 六有 | 一套完善的市政设施 | 建设海绵城市与绿色基础设施，配备消防设施、分类垃圾桶、公共厕所等；在老旧小区解决上下水排放、电力漏损等；农村社区推广雨污分流、生活污水再利用等 |
| | 一套便捷的慢行系统 | 包括步行和自行车道。慢行系统与车行道分离，串联社区公共节点与主要居民区 |
| 五达标 | 外观整治达标 | 没有不符合要求的广告牌，建筑外观整洁 |
| | 公园绿地达标 | 公园绿地开放，配备良好的休憩设施、简易的健身设施 |
| | 道路建设达标 | 保持消防通道畅通，与外部联系的路网便捷，停车位管理规范 |
| | 市政管理达标 | 排水、电力系统完善，实行雨污分流、污水集中收集处理 |
| | 环境卫生达标 | 实行垃圾分类，细化门前"三包"要求，定期保洁 |
| 三完善 | 组织队伍完善 | 社区党组织、居委会和居民自治组织完善，培养专业化、高素质的社区工作者队伍 |
| | 社区服务完善 | 群众公益性设施完善，鼓励开展社区特色活动，培育社区共同精神 |
| | 共建机制完善 | 社区居民广泛参与社区管理事务，实现社区居民共建共管 |
| 一公约 | 形成社区居民公约 | 社区居民通过共同商议，达成共识，拟定社区环境卫生、停车管理、自治公约、物业管理公约等社区公约，形成保障居民参与、相互监督与约束的共识性条例 |

# 1.5  社区人居环境建设的突出问题

美好的人居环境关系到人们的切身利益，但是当前有些社区建设脱离居民的实际需求，缺乏公众参与，未能实现"以人为本"的目标，导致社区建设出现"见物不见人"、破坏自然生态、城市风貌千城一面等一系列问题。

## 1.5.1　群众参与不足

存在"坐等靠"现象，居民参与度不够。当前，在城乡社区发动群众参与的载体和办法不多、不细、不实，群众对社区事务的参与能力亟待引导、锻炼和提高，居民群众参与城乡社区事务的范围不广、程度不深、效果不佳等问题还比较明显；公民的责任意识、公共意识、环境意识、互助意识和自律意识需要进一步锤炼。缺乏群众共谋共建的社区建设容易引起环境与社会之间的矛盾。部分居民对建成的人居环境不珍惜、不自觉维护。当社区人居环境出现问题时，容易将责任推卸给政府、社会、他人。致力于绿色发展的城乡建设，就是要通过群众的参与，才能更好地理解人居环境来之不易，通过共建形成对地方的认同感，更愿意去维护、管理、爱惜周围的环境，增强居民的主人翁意识。

## 1.5.2　见物不见人

### （1）对人居环境建设重视不够

过去很长一段时间，城乡工作的指导思想不太重视人居环境建设，重建设、轻管理，重速度、轻质量，重眼前、轻长远，重发展、轻保护，重地上、轻地下，重新城、轻老城。现在，人民群众对城乡宜居生活的期待很高，城乡工作要把创造优良人居环境作为中心目标，努力把城乡建设成人与人、人与自然和谐共处的美丽家园。

### （2）忽视群众对人居环境的真实需求

对于城市而言，壮观美丽的宏大工程能塑造独特的城市名片，吸引投资者，产生社会、经济、政治等方面的良好效益。然而，一味追求建设高密度的高楼大厦、大尺度的广场等，景观建设则会变成"盆景工程""面子工程""路边工程"等"观赏工程"。此类工程往往好大喜功、劳民伤财，无法切实地考虑当地群众对人居环境的真实需求。结果不但未能满足人民群众提升生活品质的实际需求，而且造成政府与群众关系紧张，不利于社会稳定和谐发展。

### （3）"见物不见人"的高密度建设缺乏对人的关怀

在"钢筋混凝土"般见物不见人的城市建设之下，城市生活成为社会多元人群密集的马赛克，不同的个体和生活方式集聚在狭小的地区内，孤独、抑郁症等精神问题高发。城市无法提供密度适中、环境宜人的人居环境时，陌生的个体之间缺乏感情纽带，却要集中在一起工作、生活。频繁的近距离接触，伴随着巨大的社会距离，加深了独立个体之间的相互排斥。[1] 如果人群没有在城市中得到足够的关怀和回应，就会倍感孤独。

1 路易斯·沃斯、魏霞：《作为一种生活方式的都市生活》，《都市文化研究》2007 年第 1 期。

## 1.5.3　人居环境状况不佳

一些地区环境脏乱差问题仍然比较突出，人民群众对房前屋后的环境不太满意，与全面建成小康社会的要求还有差距。垃圾是城乡发展的附属物，每年城乡会产生几亿吨的垃圾。垃圾问题已成为城市发展的棘手问题。

## 1.5.4　自然与生态遭到破坏

伴随快速城市化，自然生态遭到破坏的问题越来越引起人们的关注。城市化快速发展，一方面受到土地资源供给有限的制约；另一方面无效占地太多，土地大量浪费，一些城市马路过宽、广场过大。在城乡的工业生产和日常生活中，河道里被倾倒了大量的生产、生活垃圾，水体生态平衡遇到了巨大破坏。

### 1.5.5　文化特色不明显

社区建设千篇一律，文化特色不明显。建筑是历史的记忆、时代的坐标、凝固的文化。我国是拥有五千年历史的文明古国，不同的区域、不同的城乡都有经典精彩的文化底蕴，并在城乡的风貌中灿烂闪烁。然而迫于经济增长指标和打造城市地标等口号的压力，越来越多的城市规划建设趋向千城一面，高层建筑见缝插针。快速城市化带来城市的繁荣，同时也牺牲了传统文化与地方特色，城市景观缺乏个性。千城一面使城市失去了固有的形象和魅力，使人很容易产生审美疲劳，社会归属感与认同感进一步消逝。必须进一步打造城乡特色风貌、培育城乡"精气神"。传承历史文脉，历史文脉是城乡的灵魂，体现一个城乡的文化积淀和独特气质。规划是描绘城市的"成长坐标"，建设是塑造城市的"骨肉之躯"，管理是打通城市的"血脉之源"，形成城市发展的大合力，把根留住、把美留住、把魂留住。

### 1.5.6　公共服务网络不完善

城市社区公共服务包容性不足，乡村社区公共服务欠账多。大量进城农民工难以深度融入城市生活，长期处于"半市民化"的不稳定状态，难以享受同城市居民完全平等的公共服务和市民权利。农村的基础设施和民生领域欠账较多，公共服务均等化供给不足，农村留守儿童、妇女、老年人关爱问题日益凸显。迫切需要建立一套深入发现群众需求、快速回应群众期待的体制机制。

### 1.5.7　基层社会整合面临新挑战

城市化之下，社区转向生人社会，邻里关系淡漠，基层社会隔阂大。计划经济时期，兼具经济和社会职能的社队和单位将绝大多数人纳入其中并提供基本的生产和生活保障，维持人们相互之间的基本平等，人与人之间拥有密切的相互联系。在城市化、市场化加速发展的背景下，区域、阶层、组织和观念等层面的社会分化加速，社会整合力弱化，归属感、认同感瓦解，群体隔离与冲突频发。乡村的熟人社会迅速瓦解，传统乡村社会的集体性社会网络逐渐被割裂。大规模农村人口从乡村迁移到城市，从乡村社会向城市社会缺乏必要的过渡。随着城市规模拓展和旧城改造、单位管理和服务体制解体、住房制度改革深入推进，城市居民在不同社区之间频繁流动，原有的社区空间、邻里关系和历史文脉等得以改变，原有的熟人社会关系网络逐渐变成"陌生人社区"，人与人之间的心理隔离愈趋严重，迫切需要依托社会创新来发动群众力量，凝聚社会共识，解决经济发展中出现的各种社会问题，促进经济与社会协调发展。

以上种种问题，需要以改革创新的精神加以破解，开展美好环境与幸福生活共同缔造活动是一种积极而有效的探索。

# 1.6 美好环境与幸福生活共同缔造已经取得初步成效

从一些地方开展共同缔造的实践探索来看，成效主要体现在以下几方面：

一是切实强化了基层党组织的核心地位，巩固了党在基层的执政基础。共同缔造的实践扩大了基层党组织的覆盖面，增强了基层党组织统筹协调的资源和能力，发挥了基层党员的示范带动作用，实现了党的领导纵向到底，进一步密切了党群关系。

二是促进了政府职能和作风转变，提升了管理服务效能。推动了简政放权，促进了资源、服务、管理下沉，实现了政府的服务管理纵向到底；健全服务网络，改进公共服务提供方式，提升服务质量和效益；转变了基层干部的思维习惯和行为方式，从行政命令转向民主协商，从包办者转向领导者、参与者，从急于求成转向更加求真务实，从主观的、命令式的方法回归到深入细致的群众工作方法，从单向的自上而下转向从下到上和从上到下相结合，政府的公信力和执行力明显增强，群众对政府工作的满意度得到提升，政府和群众的关系从"你和我"变成了"我们"。

三是激发了群众参与热情，拓宽了社会参与渠道。许多事情由"要群众做"变成"群众要做"，居民社会参与态度从"观望"到"积极"、从"要我做"转变为"一起做"，社区建设从"靠政府"变成"靠大家"。

四是改善了人居环境，提升了居民的幸福指数和文明程度。一些原来"脏乱差"的社区（村）变成了当地的标志性景区和旅游热点，居民的收入增加了，生活更舒心了；老居民普遍增强了对城市的荣誉感和自豪感，新市民明显增强了对社区的认同感和归属感，新老居民成为"一家人"，相互帮助、相互关爱的社会氛围更加浓郁，新的社区共同体进一步形成（图1-4）。

图 1-4　共同缔造下的厦门莲花香墅

# 02

## 基本要求

- 本章主要阐述美好环境与幸福生活共同缔造的基本要求。

- 坚持"党建是核心、社区是基础、分类为手段、群众为主体、参与是关键、制度作保障"的原则。

- 在城乡社区建设中，通过"共谋、共建、共管、共评、共享"的方法贯彻"创新、协调、绿色、开放、共享"的新发展理念，充分发动群众参与到美好环境的建设中，建设美好家园。

# 2.1 核心是党建

共同缔造的核心是党建，通过党的建设建立全覆盖与统一领导的基层党组织，创新党建引领的社区治理机制，完善基层社会组织体系。

## 2.1.1 建立全覆盖与统一领导的基层党组织

以空间地域全覆盖和管理组织、社区文化、人民生活情感完整性为基本要求，划定城市社区和农村社区。城市社区是指在城市居委会所辖的空间地域及域内各类单位和各居民区的所有人群，而不仅仅是居委会的职能所辖居住人群。城市以社区为单位，农村以自然村为单位开展；对于规模特别大的城乡社区建议选取社区问题具有代表性、居民生活相对集中的组团作为基本单元。

"共同缔造"的核心是通过党的建设建立和完善全覆盖、统一领导的基层党组织。在城市社区，推动建立社区范围内的区域化大党委，让社区内各单位的党组织与社区大党委对接工作；在社区内各居民小区建立党支部党小组，在楼道（单元）建立党小组。在农村社区，推动建立自然村社区党支部党小组，再与行政村大党委（党总支）对接。社区党委加强与大企业党委对接，促进社区支部和相关单位支部结对子，引入更多资源进社区，形成了"共同缔造"的合力。

## 2.1.2 创新党建引领的社区治理机制

建立和完善党组织领导的"一核多元"协商共谋机制，创新党建引领的社区治理机制。以社区党委为核心，吸纳驻区企事业党委、骨干分子等，成立社区大党委，形成以社区党组织为领导核心、多元主体充分参与的社区"一核多元"工作机制治理格局。实行大党委成员

轮值主席制度、社区党建项目认领制度等，通过党组织和广大党员的
先进作用，激发、鼓励与引导其他组织和群众广泛参与。

## 2.1.3 完善基层社会组织体系

建立和完善以党的基层组织为核心，工青妇等群团组织为纽带，
各种经济社会服务组织和基层群众自治组织各有其位、各司其职的基
层社会组织体系。在党委领导下，充分调动各社会组织的活力，并且
让工青妇团等群团组织主动参与到基层社区中，从而形成纵向到底、
横向到边、协商共治的体系（图2-1）。

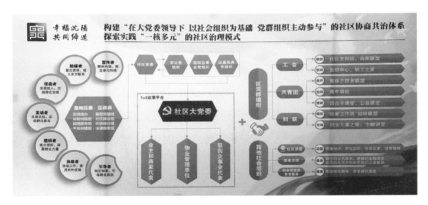

图 2-1 沈阳市皇姑区搭建"一核多元"的社区治理模式

促进群团组织帮扶参与社区活动。群团组织可以通过设立社区职
工服务店、社区共青团青年汇、家庭关爱中心等，将社会资源、部门
资源等与社区的需求充分对接，组织群团成员挂认社区助理，为社区
开展关爱、培训活动等。

# 2.2　社区是基础

　　当下，社区建设面临生人社会的挑战，社区是城乡空间与社会建设的基本单元，共同缔造的基础在社区。作为居民生活和交流交往的基础单元，社区所有变化都与居民切身相关，以社区为载体最适于发动居民共同参与规划与建设。

## 2.2.1　社区是城乡治理的基本单元

1　武廷海:《吴良镛先生人居环境学术思想》,《城市与区域规划研究》2008 年第1 卷第 2 期。

2　黎熙元:《现代社区概论》,中山大学出版社,1998,第 3-5 页。

　　"社区"的概念来自于社会学，最初是指人与人之间存在感性的、自然的、不带任何功利色彩而友好互助的较为抽象和理想的社会关系，后来逐渐演化为拥有共同意识和利益，交往从密的社会群体聚居的特定空间。[1] 可见，社区既是特定的聚居空间的代称，也是对其内在社会属性的概括。因而，社区同时是城乡空间与社会建设的基本单元。[2] 城乡社区是指在城市或乡村的一定地域空间范围内聚居的人们组成的社会生态、生产、生活共同体，是提供社会基本公共服务、培育社会基层凝聚力的空间场所。

### （1）社区是反映城乡发展问题的"镜面"

3　李慧凤:《社区治理与社会管理体制创新》,浙江大学,2011,第 35-49 页。

　　城乡建设与管理的诸多问题与不足，直接反映在社区生活的点滴小事中。社区是城乡的缩影，透过社区可见城乡。因此，社区犹如城乡的"镜面"，最直观又最真实地呈现其发展的问题。[3] 可见，社区的"小问题"即是城乡的"大问题"；同理，解决社区的"小问题"等同于解决城乡的"大问题"。

### （2）社区是公众感知与评价社会的"窗口"

　　受感知范围的影响，公众对社会最直观、最详实的感知来自于其身边的"小事"，即社区的事务。因此，公众往往会从身边看得见、摸得着的小事来评判一个地方的社会管理水平，社区建设状况将直接影响居民对社会发展的认知与判断。

### （3）社区是最能调动公众参与的"平台"

社区是人居环境的重要层次，它既是规划的基本单元，也是基层共同管理、共同决策的基本单元。公众需求多样化与社会事务复杂化，使政府难以搜集关乎公众生产、生活全面而真实的信息，公共服务难以面面俱到。同时，社区还是居民生活和交流、交往的基本单元，社区所有变化都与居民密切相关，公众对切身需求和身边的公共事务最有发言权，最能形成自我解决的办法。因此，社区是公众更愿意也更有能力参与建设的重要"平台"。

## 2.2.2 我国社区建设现状与问题

### （1）我国由计划经济体制走向市场经济体制，社区建设发生变化

改革开放前，我国住房主要由单位以"福利"的形式分配，单位也随之承担起居民生活、工作等一系列服务。[1] 居住在单位大院内的居民多来自相同单位，相互认识且有共同话题，因而来往频繁，人情关系密切。人们在单位大院中有复杂而稳定的人际网络，并对居住环境产生深深的依恋，社区地方感与归属感强，社区邻里和睦融洽。

### （2）社区的服务功能从单位转移至市场，熟人社会变生人社会

伴随经济体制改革，住房制度由传统福利分房制度逐渐向市场经济住房体制转变。单位的服务职能逐渐转移到社区，由物业公司或者居民自治组织提供，服务范围与质量均严重"缩水"。早期单位住房由于基础设施老化、服务功能滞后、公共设施缺乏等，渐渐已无法满足居民的居住需求，经济条件较好的居民陆续搬出，"外来人口"逐渐入住。社区原有的社区人际关系网割裂，人情基础淡化，居民间联系逐渐减弱，熟人社会逐渐瓦解。[2]

1 侣传振：《从单位制到社区制：国家与社会治理空间的转换》，《北京科技大学学报》2007 年第 23 卷第 3 期。

2 梅记周、陈明：《改革开放以来工作单位社会的变化及其治理困境》，《学术论坛》2013 年第 1 期。

### （3）社区成为纯粹居住的场所，居民之间缺乏交流和联系

商品房社区如雨后春笋般纷纷建起，将不同地区、不同职业、不同背景的居民集中在一个住宅圈内。大多数居民素未谋面，由于缺乏相应的设施与活动，人们忙于工作又疏于交流，熟人网络难以形成。当具有稳定性或凝滞性的传统社区变为流动性明显的社区时，人们变为缺乏联系的、孤立的个体，社区所必备的人性、友爱、和谐、亲密等特征与品质逐渐消失，空间环境问题与社会矛盾冲突渐渐积累起来。同时，随着社会经济发展，人们的生活习惯、消费行为与需求结构发生变化，特别是对依托于电子信息的服务的诉求日渐强烈，原有社区服务体系难以满足相关需求，影响社区居民的生活质量。

---

**我国城乡社区管理和服务中存在的突出矛盾和问题**

（1）群众对城乡人居环境不满意，社区公共服务网络不完善，回应群众需求不及时、不准确、不到位。

（2）城市单位体制和农村集体体制基本消失，熟人社会网络逐步解体，社区管理服务基础薄弱、条块分割、效能不高。

（3）社区党组织覆盖不全、能力不强，在动员、组织和服务群众方面存在薄弱环节。

（4）群众参与社区公共事务和公益事业的载体不实、渠道不畅、范围不广、程度不深、效果不佳。

（5）公民的责任意识、公共意识、环境意识、互助意识和自律意识与新时代社会文明进步的要求还不完全适应。

---

# 2.3 分类为前提

我国幅员辽阔，城乡社区类型多样，总体可以分为历史文化社区、城市老旧社区、城市新社区、更新型村庄社区、生态型乡村社区

等，不同类型社区在人口、空间、社会等方面均存在差异，在开展共同缔造的过程中需要分类施策。

## 2.3.1 不同社区存在不同问题与资源，需要分类统筹

社区有不同的组成要素，社区的物质要素影响物理空间环境，社会要素影响社区成员的交往互动程度，心理要素影响成员对社区的认同和归属程度。不同社区背景不同、组成要素不同，因而有不同的缔造重点。我国疆域辽阔，城乡社区单元类型丰富多元，不同类型的社区各有侧重点，需要分类统筹开展共同缔造。根据当地居民实际需求确定对应的项目和活动，广泛动员社区居民参与这些项目和活动的决策、建设和管理全过程，让群众有意愿、有平台、有途径参与共同缔造活动，把"要我做"变成"我要做"。

**案例　广州市社区分类统筹建议**

截至 2018 年 5 月，广州市拥有 2638 个社区。为更好地开展工作，以分类统筹为手段，广州社区被划分为历史文化社区、城市老旧社区、新社区、更新型村庄社区、生态型乡村社区等。

针对不同类型社区因地制宜开展共同缔造，而不是采取统而泛的方法。

## 2.3.2 针对社区特征划分为历史文化社区、城市老旧社区、城市新社区、更新型村庄社区、生态型乡村社区等社区类型

**（1）老旧小区侧重完善公共服务设施，推广加装电梯，提升社区自治服务**

老旧小区内传统社会结构较为紧密，居民之间的社会纽带与工作纽带密切相关，有较密切的邻里关系。伴随着城市发展，老旧社区逐渐出现越来越多的问题，包括公共空间缺乏，公共服务存在设施老化

的历史欠账，人口老龄化严重，缺乏物业管理。老旧小区共同缔造的侧重点是完善公共服务设施，挖掘历史文化，推广加装电梯，重视公共服务设施的完善和提升，积极征询多元主体群众意见，鼓励多元主体参与改造，激发群众积极性，不断优化设计方案。多途径募集改造资金，推动老旧社区改造顺利进展。改造方案实施后，要进一步完善治理格局，形成和健全社区自治机制，提升社区自治服务功能。

**（2）老城区侧重增加公共空间，通过场所营造以点带面带动整体更新**

老城区与老旧小区存在异同，老城区同样涉及复杂多样的业主，产权破碎，但它没有明确的范围边界，可能只是一条街道的两侧，可能是包含老旧小区的一个地块。老城区的问题主要体现为公共空间匮乏、文化活力衰减、基础设施老旧和滞后等。作为城市发展的起源地，老城区具有深厚的历史底蕴，但是高密度的建成区导致老城区人口密集、活动空间缺乏。针对这些问题，老城区共同缔造的核心是在"螺蛳壳里做道场"，选取房前屋后、危旧破房等作为"益生菌"进行改造，为旧城区增加公共场所。通过文化植入、功能完善等方式，发挥"益生菌"效应，以点带面，触发整个老城区活力重生。公共空间是旧城宝贵的场所，增加公共空间能够有效改善老城区的人居环境，为周围居民带来活动空间，显著提高居民的幸福感、满足感。

**（3）单位转制社区侧重转变居民依赖单位的思维，培育新的社区组织自我管理**

单位社区与单位息息相关，单位打理着社区的大小事务，对住房分配、员工子女教育、医疗卫生、社区日常管理等一并包揽。单位转制后，单位逐步撤离社区，原先单位提供的公共服务、管理维护交由市场介入。居民的角色、心理都发生了变化，从"单位人"到"社会人"，从依赖到自治，居民难免心理上一时接受不了，习惯被动的行政领导和寻求组织的制度性参与，自治经验匮乏，容易出现利益协调困难、治理落实缓慢等问题。针对单位转制社区的问题，核心是要挖掘社区有影响力的退休"单位人"、党员或其他能人，以身作则，转变居民依赖单位的思维。在原有单位或驻区单位的协助下，逐步培育新的社区组织自我管理社区，使居民意识到社区发展需要依靠自身共同努力。同时，挖掘单位优良历史文化，加以宣传、学习，实现文化的活化传承。

### （4）新城市社区侧重培育社会组织，培育熟人社会

新城市社区为新建的商品房小区，其问题主要体现为社区邻里关系冷漠，社区环境见物不见人。在我国，这类社区的形成时间较短，社区内社会结构松散，居民之间较少往来，邻里关系疏远。新的住宅社区建设时，经常盲目建设景观及景观小品，出现遮阴不足、忽略人性化尺度等问题，难以满足居民休闲游憩的需求，无法真正提升社区品质。新城市社区共同缔造的侧重点是缔造熟人社会，关键是培育居民愿意加入的组织，把居民动员起来，比如篮球队、舞蹈班、社区大学等，通过兴趣小组、培训学堂等方式，在社区党委统筹下，开展丰富多彩的活动。充分借助新城市社区的街心公园、活动广场等，开展跳蚤市场、育儿交流等活动，通过小孩子交流带动家庭的交流。此外，新城市社区需要处理好业主委员会、社区居委会、物业服务单位之间的关系，充分调动各方积极性，参与共同缔造活动。

### （5）城中村社区侧重构建商家协会与业主协会，共谋可持续发展

城中村社区土地依旧是集体用地，但已与传统村庄大不相同，村庄被城市所包围，原住民大量外流，农业被房屋租赁服务业替代，社区内居民以流动性大的生人为主。原住民不住在社区内，淡化对社区发展的关注。城中村主要以外来人口居住为主，新的人群不再具有传统地缘、血缘关系，人与人之间关系淡薄，流动性大。由于城中村位于城市内，往往具备承接城市某一部分功能的条件，包括提供住宿、餐饮等。因此城中村共同缔造的重点在于实现可持续发展，避免过度追逐商业化导致违章搭建、占用公共空间等。城中村的共识相对更难建立，需要让城中村的业主、商家普遍意识到短期盲目发展的弊端，建立商家协会、业主协会、公共议事会等组织，完善城中村发展的制度，比如房屋消防安全规定、出租安全规定、卫生保洁规定等。

### （6）城边村社区侧重培育新型合作社，植入产业，提升村庄活力

城边村社区问题主要体现为村庄集体组织衰落，村民公共意识薄弱，人居环境品质低。改革开放后，市场经济带来市场化冲击，城市巨大的拉力颠覆了传统自给自足的农耕经济，村庄劳动力外流，传统集体经济组织溃散，经济、社会和政治逐渐脱节。由于缺乏有效的集体组织，城边村社区趋于个体化，各家自扫门前雪，村庄人居环境难以得到统筹改善。城边村社区共同缔造的重点是培育新型合作社、理事会、宗亲会等组织，探索集体经济发展模式。城边村具有较好的区位条件，既能享有城市的消费市场，又能对接广大农村生产腹地。城边村可以发挥市场对接功能，作为农村农产品的展示窗口，通过新型合作社收集广大分散的农产品，形成规模效应输送到城市里，实现城边村社区与城市功能区的互动发展，带动周围村庄共同提升发展活力。

### （7）远郊村社区侧重挖掘乡贤，协同村民共同改善人居环境，因地制宜发展产业

远郊村远离城市，相对于城中村，大多数仍保留传统的村庄特征，历史传承性、地域性、血缘和亲缘性得到较好延续。由于保留着传统农业生产模式，居民生产效益低，收入难以提高，未能充分发挥当地生态优势。远郊村开展共同缔造活动，需要先挖掘乡村能人，把乡贤理事会、宗庙理事会、老人理事会等传统组织再培育起来，通过宗族、亲缘凝聚村民。以改善人居环境为抓手，从改水、改厨、改厕、改圈、污水垃圾治理、美化村容村貌等房前屋后的实事、小事做起。结合当地农业特色和生态优势，因地制宜，发展观光农业、休闲农业、乡村旅游等服务业，实现村庄传统农业的增值，提高村民收入，增强村民获得感、归属感。

### （8）历史文化村庄社区侧重文化传承活化，彰显地域特色

历史文化村庄社区保留有较多、较完整的文物和历史风貌建筑，它们经历过特定历史事件，能反映历史聚落风貌和地方民族特色，具

有历史价值和纪念意义。历史文化村庄社区的问题突出表现在历史文化传承方面：村庄建设发展忽略村庄历史文化特色，盲目按照城市标准建设，传统文化在逐渐衰减甚至消失。历史文化村庄社区共同缔造的侧重点在于培育对社区历史文化有强烈认同的集体组织，引领社区历史文化传承和活化，进一步提升人居环境。通过恢复和提升社区居民的认同感和归属感，共同缔造促使社区居民化被动为主动，主动传承和活化社区历史文化，挖掘和发挥历史文化的价值，活化利用有价值的历史风貌建筑、街巷等。在传承活化历史文化的基础上，合理营造社区公共空间，结合现代人生活需求，改善提升人居环境。还要发掘村庄社区人文活动，通过多样的公众参与活动，激发村庄社区群众的主人翁意识，逐渐培育新型集体组织，形成发展共识。同时，选取"益生菌"，融入文创元素，带动古村发展。

### （9）贫困村侧重改善人居环境，激活内生发展动力

贫困村因为多种因素致贫，经济发展水平相对较差。一方面村庄自身经济基础薄弱；一方面具备专业技能的人才匮乏，容易陷入"贫困恶性循环"，导致村庄基础设施相对落后，人居环境长期得不到改善。扶贫工作是乡村振兴的重要内容之一。贫困恶性循环的打破需要借助外来力量，但核心是重新激活内生发展动力，亦即激活村庄的造血功能。贫困村的共同缔造更需要借助政府和社会组织的资本，改善当地人居环境，推动当地村民共同努力。扶贫推动乡村振兴是一项长期工作，前期可以借助对口政府单位的帮助撬动村庄的发展，加强城乡统筹，挖掘当地特色产品和产业，协调建立农村产品进入城市市场的渠道，但不能形成"等靠要"的思维。扶贫并非一直帮扶，关键是找到村庄能人与培育乡村产业，由基层党组织发动党员带头成立农村合作社，重新组织起农村发展的队伍，在后期政府扶贫队伍撤出后依旧能够带领村民共同发展。共同缔造能充分重视村民意愿，激发村民发展意识，通过项目谋划搭建平台吸引村民、组织村民，将市场化下分散的农民重新组织起来。

# 2.4　群众为主体

1 "决策共谋、发展共建、建设共管、效果共评、成果共享"简称"五共"。

　　城乡建设出现的很多问题是因为缺乏群众的参与，与群众的愿景和需求背道而驰。在致力于绿色发展的城乡建设中，群众是社会协商的主体，应当通过"决策共谋、发展共建、建设共管、效果共评、成果共享"[1]激发群众参与美好环境与幸福生活共同缔造的积极性、主动性和创造性，打造共建共治共享的社会治理格局。

## 2.4.1　群众是协商共治的主体

　　"有事好商量，众人的事情由众人商量，找到全社会意愿和要求的最大公约数"成为群众参与的原则。群众为主体，就是在社区的平台上发动群众，从身边的事情做起、从小事实事做起、从兴趣相投的活动做起，共同参与社区公共事务，共同建设社区美好环境，促进居民融洽相处，形成良好文化氛围和精神风貌，增强认同感、归属感。以群众为主体，践行党的群众路线，依靠群众，发动群众，变政府唱主角为群众唱主角，变"为民作主"为"由民做主"。

## 2.4.2　通过"五共"发挥群众主体作用

### （1）决策共谋、凝聚民意

　　以前政府想做什么居民不知道，居民需要什么政府不知道。共谋让大家心里都有底，引导居民从"观望"逐步转向"关注"，继而转向"主动参与"，充分调动居民参与的积极性、主动性。共谋坚持问题导向，拓宽政府与群众交流的通道，搭建群众相互沟通的平台，发现社区需要解决的各种问题，共同研究解决方案。

### （2）发展共建、凝聚民力

找到居民容易参与的切入点，从房前屋后、街头巷尾、公共空间等群众身边的小事做起，动员居民出钱、出物、出力、出办法，使居民的观念由"要我建"转变为"我要建"。共建坚持以居民为主体，汇聚各方面力量共同参与社区建设，促使居民珍惜用心用力共建的劳动成果，持续保持社区美好环境。

### （3）建设共管、凝聚民智

建设不易，管护更难，因此需要建立长效共管机制，调动居民管理的积极性，实现对社区的长效管理。共管通过完善管理制度、发展志愿服务等，加强对共建成果的管理。

### （4）效果共评、凝聚民声

效果共评是改进社区建设和管理的途径，邀请党代表、居民代表、社会组织、辖区企业等进行评议，积极开展可激发居民自治热情的各类评选活动。共评通过组织居民群众和社会各方面力量对项目建设、活动开展情况的实效进行评价和反馈，让群众满意，持续推动各项工作改进。

### （5）成果共享、凝聚民心

促进成果共享是美好环境与幸福生活共同缔造的价值和根本目的所在。通过共同缔造实现的成果共享，可满足人民群众对美好生活的不断向往。共享可打破居民户籍、收入、职业、阶层等方面的不合理限制和隔阂，使共建的成果最大限度地惠及全体居民。

# 2.5 参与是关键

　　共同缔造的多元参与是一个循序渐进、由表及里的有序过程。政府、社会力量与群众通过共同参与，在科学指导下不断摸索与尝试，以在实践中形成与发展实情相适应的发展经验，探寻可实现环境与社会良性互动、可持续发展的方法。

## 2.5.1　政府引领组织参与，激发群众激情

　　动员更广泛的人群积极参与共同缔造，需要政府引领组织社区、规划师等共同参与讨论。政府通过筹建社区共同缔造工作坊的形式，明确需要解决的问题、实现的目标。在此基础上，通过微博、微信等信息化网络平台或意见箱、宣传栏等传统平台的建设，构建起传达社区建设信息、承载意见交流的平台，在宣传解析共同缔造内涵的同时，引起社区居民对社区问题的关注。

## 2.5.2　发现社区能人，带动社区参与

　　社区有能人，他们能形成示范效应。社区拥有具备各类技能的人才，包括熟悉工程技术、景观设计等领域的人才，挖掘社区能人，形成人才库。调动社区具有威望的人参与，能够发挥带动作用，在号召周围居民参与、解决邻里纠纷等方面，往往事半功倍。

　　共同缔造关键人物的发掘通常来自于对社区人才资源的整合。他们可以来自于在社区基层组织对社区居民基础资料摸查过程中筛选出的具有知识性与先进性的人才，也可以来自于居民群众日常生活中熟识、信任与推荐的能人，还可以来自于平日与政府交流过程中表现突

出、积极性高、颇有见地的居民群体。找寻与动员这些关键人物，可为构建社区共同缔造"主力军"奠定基础。

### 2.5.3　邀请第三方参与，形成共建方案

面对复杂的社区问题，抑或社区在共同缔造方面缺乏经验，可以邀请第三方力量参与协助社区开展共同缔造。第三方力量可以是具有各种技巧与经验的专家、地区相关领导、大学规划系的师生等，也可以是社会义工组织、企事业单位。第三方力量的参与，能够为社区在共同缔造过程中遇到的规划、地理、景观、市政、建设、纠纷等方面的问题提供知识或技术支持，对具体活动的制定与实施提出建议。

## 2.6　制度作保障

制度机制创新是激活美好环境与幸福生活共同缔造的关键，为社会治理创新顺利实施、长期有效提供重要保障。制度作保障，就是总结推广一批成熟的经验做法，及时出台相应的指导性意见，形成具有推广价值的机制体制，从而实现社区治理体系和治理能力的现代化。

### 2.6.1　构建社区多主体协商共治模式

社区协商共治模式需要充分激发居民的主动性、积极性，让社区居委会、党组织、社区工作站、社区社会组织等主体能够充分发挥作用，促进居民自我管理、自我教育、自我服务。一般而言，社区居民议事会议、社区党委会议是社区事务的高级管理组织，其中社区党

委扩大会议能够发挥社区的部门联席会议作用，对协调社区内部各单位、居民之间的问题起着重要作用。社区居委会、社区党委、社区工作站则是社区的常设组织，主要负责社区的居民服务、党建工作、专业社工服务。业主委员会则是社区的自治主体，发挥协商的重要功能。除此以外，社区协商共治的主体还包括各种兴趣小组、社区社会组织等，包括车主自管小组、歌唱团、志愿者服务队等。

1　此部分结合厦门市《思明区进一步推进试点社区减负放权工作的意见》撰写。

## 2.6.2　调整社区"权、责、事、费"关系[1]

对社区放权、提效、减负主要是为解决社区职责不清、负担重、便民服务程序烦琐等问题，理顺城市政府与其职能部门与社区的关系。建议城市职能部门设立社区层面的职能岗位，对各自职能部门在社区的工作进行具体落实，减少社区负担。由社区党委书记牵头，建立社区工作联席会议制度，为各职能部门开展工作提供协助，避免社区在统筹过程中"事多权小"、难以协调。同时建议赋予社区对职能部门工作落实情况的监督评议权和对社区内物业公司的年审建议权，从而增加社区的权利，改善"社区—职能部门""社区—物业公司"的关系。

结合城乡各区实际，将需要专业知识、行政执法权力的行政性、专业性、职能性等事务剔除，包括社区企业安全检查、开具预防接种证明等工作，减轻社区负担，让社区能够回归为居民提供服务的本职工作。同时适当赋予社区跟居民密切相关的部分政府职能管理权，包括居家养老、小额医药救助等，简化审批层级，从而提高为居民服务的效能。

## 2.6.3　深化社区"网格化"制度

通过深化社区"网格化"制度提升社区服务质量。对于社区规模大、管理服务能力相对滞后的问题，可以通过建立社区"网格化"

制度的方式，将社区按一定标准划分为单元网格，建立数字化信息平台，实现社会管理的精细化和动态化，在此过程中变被动服务为主动服务，其本质是借助城乡空间信息系统，将社区管理数字化、精细化，最终目标是要提升社区服务质量。居民可以通过自家所在的网格区域，找到对应的网格员，再通过网格员联系相关问题负责人，实现条块的结合。

## 2.6.4　建立群众参与的相关制度

**（1）建立决策共谋的制度，让居民参与商议和决策**

传统社区事务自上而下由居委会"包办"，居民鲜有机会参与社区事务的商议、决策过程，也难以向居委会反映个人的意见，这往往导致社区决策不符合居民的实际需求，或者居民自身利益难以表达、维护。完善决策共谋的制度，包括完善居民（代表）会议制度、公众议事制度，如"居民议事厅""议事圆桌会"等，定期讨论重大事务及发展计划、重点工作，建立居民意见收集、反馈的渠道，可确保居委会与居民之间沟通顺畅。

**（2）建立发展共建的制度，主要涉及投工投劳、以奖代补、资源整合等方面的制度建设**

投工投劳可以设立"工分卡"形式，积攒到一定"工分"兑换奖励、报酬等。资金筹措制度包括社区居民、受益单位资源捐赠，也包括政府通过"以奖代补"给予优质项目的奖励。人才资源整合主要是鼓励社区能人、村庄乡贤、义工组织、公益组织等参与到社区建设中。

**（3）建设共管的制度，多种形式管理社区事务和社区公务**

在社区管理方面，分为有物业管理、无物业管理两大方面。对于有物业管理小区，通过建立"居委会—业主大会—物业公司"三方定期联席会议制度，形成"三位一体"的联合管理机制。对于无物业管理小区，则由居委会牵头，发动居民参与社区管理，建立"楼长—小组长"的自治模式，实现自我管理。在社区建立社区工作联席会议制度，由社区党委书记牵头，定期召开旨在协调城管、公安、消防、工商、环保等职能部门业务的社区工作联席会议，解决群众反映的问题。建立认捐认养认管的制度，鼓励以捐资助建、投工投劳等形式，负责社区设施的建设或者日常管理养护。

**（4）建立效果共评的制度，社区居民对共同缔造效果的好坏最有评价权，真正做到"共同缔造，以人为中心"**

社区共评的制度包括监督落实、优秀评议等方面。监督落实主要是完善居民对社区工作的评议制度，包括对社区事务公开、社区财务收支、物业管理质效、职能部门减负等的评议。优秀评议主要是评选共同缔造中产生的先进事迹、优秀项目等，通过共评形成示范，带动更多居民以先进为标杆，加入共同缔造的活动中。

**（5）建立成果共享的制度，形成共享的共识**

共同缔造最终目的是不断满足人民群众对美好生活的向往，成果共享也指明了共同缔造的目的所在。成果共享需要形成社区共识层面的制度，比如社区公约、公共空间使用规定等，保障社区居民能够平等享有社区共同缔造的成果（图 2-2），包括完善的公共服务设施、宜人的社区环境、丰富多彩的活动等。

图 2-2 共享共同缔造成果

图片来源：院前社济生缘合作社

# 03

## 构建美好环境与幸福生活共同缔造的治理体系

● 本章主要介绍美好环境与幸福生活共同缔造的方法，核心是构建"纵向到底、横向到边、协商共治"的社会治理体系。

● 通过让党的组织进驻社区、让政府的服务走进社区实现"纵向到底"，通过培育和发展各类社会组织将每个居民纳入美好环境与幸福生活共同缔造实现"横向到边"，通过"决策共谋、发展共建、建设共管、效果共评、成果共享"实现"协商共治"。

# 3.1 政府如何做——纵向到底

"纵向到底"需要党组织和政府服务进驻社区，一是把党的基层组织建设和领导作用以及群团组织建设落实到社区，发挥党的政治核心和领导核心作用，群团组织成为发动群众、组织群众的骨干力量；二是将政府的公共服务和社会管理的资源和平台下沉到城乡社区，使党和政府工作落到基层、深入群众。

## 3.1.1 以市、区、街道、村（居）、驻地单位五个层级为基础，实现党的组织在社区全覆盖

共同缔造需要以市、区、街道、村（居）、驻地单位五个层级为基础，应当明确各自重点角色与任务，构筑分工明确、上下联动的治理架构。让党的组织走进社区，建立从市县到街道（乡镇）和试点社区的党的领导组织体系（大党委制），充分发挥市区党委的统筹作用，提高基层党组织的动员能力，构建"纵向到底、横向到边、协商共治"的社会治理体系。

市级党委政府抓好统筹，包括成立工作领导小组，领导小组涵盖了多部门的成员，以更好地统筹共同缔造事项。在财政上设有专项的预算资金；做好市级职能部门统筹协调工作，调动全市各部门的积极性，转变职能部门工作方式，体现以人民为中心的城乡治理观。

区（县）级党委政府主要职责是通过对区域进行整体布局，引导各类资源在区域间合理均衡流动，对社会治理事务进行统筹协调并下沉资源平台等工作要素。

街道（镇）需要增强社会治理和公共服务的能力，从强化治理职能、明确治理任务、理顺治理关系入手，成为社会治理创新的主要载

体。街道一级部门需要改革群众参与项目资金的使用方法，让资金的使用能够充分调动起群众参与的积极性。

村（居）要进一步凸显服务功能。村（居）民委员会作为群众获取公共服务与组织动员群众参与的重要场所，是社会治理体系延伸至社区的末梢，也是共同缔造的核心阵地。社区主要承担进一步凸显服务功能、推动服务下沉、提升服务效率的职能，社区的工作重心需要回归服务群众生活，保障群众利益。社区居委会与社区党委会应当与群众建立密切联系，在美好环境与幸福生活共同缔造过程中成为群众的重要合作伙伴，发挥发动、组织、引导作用，与群众共建美好家园。

驻地单位作为社区内重要的社会成员，是社区治理中的重要参与力量，可根据各自的治理背景，梳理自身自治主题、组织与路径，与社区共同推进美好环境与幸福生活共同缔造。

## 3.1.2  转变政府在共同缔造中的角色，让政府的服务走进社区

### （1）政府角色的变化

共同缔造既是社区发展的一种行动手段，同时也是一个发动、组织与创新的行动过程。为实现美好环境与幸福生活共同缔造，政府要扮演宣传者、触媒者、促能者、发动者、组织者、协调者和引导者等多元角色（图3-1）。

### （2）政府服务进社区

从优化政府治理和居民自治切入，简政放权做服务。在工作内容上，注重从优化政府治理与居民自治关系切入，可通过简政放权、改变政府服务管理方式和运用信息化手段，把服务真正送到百姓手上。明确各个部门服务重点，立足部门资源优势，因地制宜开展共同缔造

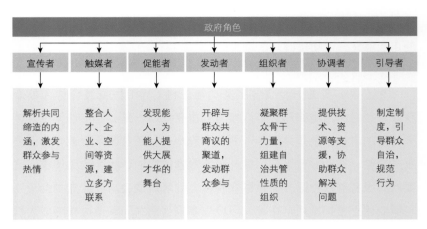

图 3-1  政府角色的转变

活动，尽量将资源、服务和管理放到基层，使政府服务进社区更到位、更便捷、更易互动。

民政部门：完善社会购买制度，实现网格化管理。确定需要购买的服务项目，如社区综合服务、家庭服务、残障人士社会工作服务等，向拥有相应资质的社会组织或社区组织购买服务。搭建社区参与、服务社区的平台，比如建设家庭综合服务中心。建立网格化管理制度，提高基层社会治理能力。培养网格员队伍，实行组团式服务管理，以此逐步完善街道网格走访巡查能力，及时发现辖区内各类问题，收集民意。

建设部门：广泛征集民意，汇集形成充分反映社区需求、改善人居环境的项目库，包括路灯、监控、给排水、公共空间、房前屋后等。通过项目库统筹推进老旧小区、城中村、美丽乡村等的建设。创新项目筹资、建设、资金审核等机制，处理好政府、市场、社会的关系，让居民广泛参与到项目的建设过程中。

规划部门：以共同缔造的方式开门编规划，通过规划形成共识，借助共识推动规划落地。转变规划师工作思路，促进技术人员下基层，真正了解社区发展问题，通过问题导向思路开展规划编制。开展以群众为主体的参与式规划，听取群众的意见，切实通过规划解决群众的问题。

城管部门：城市公共空间坚持底线管理，社区公共空间协商共治。城市为主体的公共部分，包括道路、广场等，这部分的活动坚持底线思维，运用法律体系管理。对于社区部分，遇到城市管理问题时，通过共同缔造协商共治的方法来处理，尽量减少矛盾。建立城市网格化管理平台，将城市管理与共同缔造结合在一起。社区群众可以通过平台反映社区出现的问题，管理者能够针对问题进行快速反应，提出解决措施。平台还能够反映各种违章信息、城市管理、设施布局问题等，方便管理者决策。

水务部门：以小流域为基本单元开展建设。通过整体性、系统性思维，从水的源头、污染的源头开展小流域建设。通过功能建设促进小流域的农林水土的发展，实现生产、生活、生态的协调。因地制宜完成河道改造，避免简单堤岸硬质化的处理手法。

文化旅游部门：宣传塑造历史文化。广泛宣传历史风貌建筑文化，动员周围住户、社会关注，共同保护历史风貌。塑造城乡精神，积极宣传推广美好环境与幸福生活共同缔造的精神内涵。

财政部门：对以社区为单位的各类项目的预算制度进行改革，统筹各类专项资金。可以考虑设立社区发展资金，由群众决定做什么、解决什么社区问题，对群众参与力度好、效果好、影响好的项目进行奖励，也就是"以奖代补"政策。

51

### 3.1.3　制度建设要做哪些

#### （1）政府购买服务制度

政府购买服务制度为社会力量参与社区事务开辟渠道。购买社会服务是政府或社区向社会组织购买社区服务，如向志愿者组织购买给社区老年人提供的服务，让他们进入社区为老年人提供服务，等等。购买服务是以奖代补与简政放权制度的重要承接，政府购买服务为社会力量参与社区事务管理开辟渠道，并为其顺利推进提供支持与保障。

---

**政府购买服务制度建设步骤**

（1）编制《政府购买社会组织服务目录》，梳理出可转移给社会组织承担的业务。

（2）区政府加大公共财政投入，扩大购买服务的范围和数量。能够通过购买提供的项目，如慢性病调查、人口普查等，原则上采用购买的方式提供。

（3）区民政局牵头对接引进社会组织、社工人才，搭建社会组织与购买项目供需对接平台。

---

1 本案例结合厦门市《美好环境共同缔造——思明经验》整理。

**案例　厦门市思明区莲前街道前埔北社区购买社工服务项目 [1]**

前埔北社区老龄化严重，通过向前埔北邻里乐龄服务中心购买服务，为老年人提供一系列适合的社区支持服务，不断完善社区居家养老网络，构建居家养老服务体系，以协助老年人在社区过着健康、受尊重及有尊严的生活。项目根据不同老人特点及需求，建立了社工、护理、医学多专业结合，设计建设核心的互助网络，进而构建预防网络、监护网络的综合养老服务，形成从互助发展到预防、监护的社会居家养老综合服务模式。

## （2）组织培育登记制度

建设新型组织培育登记制度，激发与巩固广泛的社会参与力量。在党组织的领导下，发挥群团组织、基层自治组织等传统组织的重要作用，培育各类新型社会组织。通过组织培育，能够激发与巩固更为广泛的社会参与力量。

### 组织培育登记内容

（1）政府出台社会组织培育与管理的相关政策与制度，推进登记管理体制改革，实行直接登记、简化备案程序、放宽登记限制。

（2）建设区、街、居三级社会组织服务中心，为社会组织提供组织培育、人才培养、项目发展、标准建设、保障服务、资源对接等综合服务。

（3）开展"十佳民非企业""十佳社会团体""十佳社区社团"评选活动，鼓励社会组织发展壮大。

## （3）以奖代补政策

以奖励代替补助，鼓励社区自治。以奖代补，即政府出台相关政策与制度，在街道、社区、社会组织等提交项目申请后，政府对群众参与度高、群众满意度高、工作成效好的社区建设类、活动类、服务类项目进行奖励。这种以资金奖励代替传统资金补助的方法，一则形成竞争机制，敦促项目负责人及其团队提升项目水平与质量；二则形成奖励机制，激发与鼓励更多团体与组织参与到社区建设中，形成鼓励优秀的持久动力。因此，以奖代补在实现社会活化、促发社会活力等方面有显著作用。

**以奖代补政策建设步骤**

（1）制定"以奖代补"的具体标准与细则。如奖励的类型、奖金金额设置、参与的具体方式等。

（2）对"以奖代补"的具体标准与细则在社区及街道公告栏进行公示和宣传，鼓励民众积极参与相关建设项目的规划或竞赛。

（3）村委会和居委会联合政府和规划师策划一个季度大致需要多少"以奖代补"的活动，确定活动大致的主题方向，避免内容相似的活动重复出现，并将活动合理安排到具体的时间。

（4）村委会和居委会联合政府和规划师策划安排每一项具体活动，包括制定时间轴、安排比赛及颁奖场地、邀请评委、讨论和制定评分细则等。

（5）公开公平公正地进行比赛活动等。

（6）严格依照制定好的"以奖代补"的具体标准与细则，对积极参加社区规划建设，取得广泛认可、切实发挥效用的建设项目的社区、组织和居民予以补贴奖励。

（7）将评比结果与奖励金额于社区内公示，接受社区居民的监督，同时激励更多居民参与进来，形成社区各主体踊跃参与的良好氛围，不断推进居民自发自愿参与社区规划建设活动。

**以奖代补注意事项**

（1）不同于传统的由财政对项目进行直接补助，"以奖代补"要求社区居民、企业、社会组织等先行筹资投入，验收合格后再下发奖励补助资金。

（2）"以奖代补"项目认领的主体确定为社区居民、社区居民小组、企业或者社会组织，认领过程中群众代表或者受惠群众代表签名确认，再由社区上报。

（3）项目实施过程中，实施主体需经网站、媒体、宣传栏等渠道公示项目进展，公示项目实施、资金使用情况。

（4）在项目验收环节，需将居民参与情况、受惠情况作为验收考评的主要内容。

## （4）共管制度

政府、组织、居民多方共同管理社区事务。社区规划与建设的重要目标是在建设美好人居环境的同时，实现良好的社会治理。作为社区治理重要的支撑体系与长效机制，共同缔造的过程中，共管制度的建设是各项建设项目推进过程中不可缺少的内容。共同缔造中，共管制度的建设主要涉及政府、组织与居民三个层面。

政府层面：上级政府应针对社区建设的实际需求，修改或制定相关的管理制度，完善制度体系，以鼓励居民广泛参与，保障社区建设活动顺利开展。

组织层面：社会组织应当建立符合法律规范的各项管理制度体系，依据组织成员的共识拟定管理制度，以此规范组织的建设与发展，并赋予其生命力，促进其不断向专业化的成熟方向发展。

居民层面：居民可针对社区环境卫生、休闲活动、停车管理等内容，通过社区居委会或居民自治组织，组织社区群众召开居民会议，共同商议拟定居民自治公约、物业管理公约等，作为社区居民约束自身生产生活行为的共识性条例。

**案例　思明区小学社区商家自律联盟公约[1]**

第一条　本公约所指的商家为小学路沿街所有以营利为目的的商铺。
第二条　商家日常经营以自治为主，并接受城管、工商、消防、公安、环保等职能部门的监督与指导。
第三条　商家应自觉负责经营区域的环境与卫生，做好"门前三包"工作。
……

**（5）社区规划师制度**

建立社区规划师制度，发掘群众参与社区建设的领头羊。社区规划师作为兼具社区居民与规划师两种身份的人，既充分了解社区发展各方面实情，同时具备规划建设的基本知识与技能，在共同缔造过程中可发挥巨大的作用，是群众参与社区建设的领头羊。建立社区规划师制度，发掘本地能人，培养具有一技之长、热衷社区事务的能人担任社区规划师，赋予其促进社区发展的责任与权力，为社区管理、建

1　本案例结合厦门市《美好环境共同缔造——思明经验》整理。

55

设出谋划策。社区规划师能有效填补当前规划在社区层面的缺失，是落实政府惠民政策"最后一公里"的重要环节。

# 3.2 如何培育社区组织——横向到边

"横向到边"是把每个居民都纳入以党组织为领导的社会组织中来，进行社会治理事务的共同协商和统筹管理。在党委领导下，通过与工青妇等群团组织紧密结合，积极培育和建立社区治理类、公益慈善类、文体活动类、专业服务类等社会组织，让每个充满活力的社区组织有序参与社区治理，调动社会成员积极性，激发社会组织活力。

## 3.2.1 培育社区治理类组织

结合社区管理需求，挖掘社区骨干分子，针对性成立自治小组、商家协会、业主委员会、物业公司、新型村庄合作社、治安巡查小组等。湖北省红安县在自然村层面建立了推进共同缔造的"1+4N"的组织机制（图3-2），通过理事会、合作社、专项责任组、监事会等实现"横向到边"，以此激发村民的内生动力。

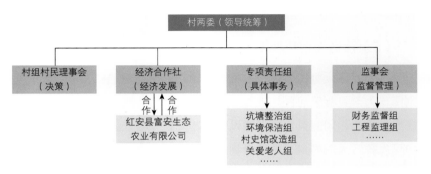

图 3-2　红安县柏林寺村"1+4N"的组织机制

图片来源：住房和城乡建设部村镇建设司提供

56

### 3.2.2　培育公益慈善类组织

培育公益慈善类组织，同时促使工青妇等群团组织与社区充分对接，与社区热衷公益的积极分子、志愿者、大学团队等共同组建儿童教育联盟、爱心医疗队、家电维修小组、环保宣传小组等。

**案例　厦门市思明区培育城市义工协会[1]**

思明区城市义工协会是在思明区委宣传部、区委文明办的培育与扶持下，逐渐走向自治自管、规范化与专业化建设的社会服务型组织。其共同缔造过程中，为缓解传统公共服务模式无法满足群众需求，人口老龄化，教育、医疗资源供不应求，外来人口持续增长等问题作出了巨大的贡献。其在改变现有志愿活动"被志愿"化状况的同时，通过与街道、社区展开合作，弥补了社区服务体系的不足，凝聚了社区居民的情感，成为厦门共同缔造过程中最具特色，同时最为靓丽的风景线。

1　本案例结合厦门市《美好环境共同缔造——思明经验》整理。

### 3.2.3　培育文体活动类组织

寻找社区具有一技之长的能人，动员拥有共同文体爱好的居民成立舞蹈团、歌唱队、羽毛球协会、棋牌协会、篮球兴趣小组、书法小组等。

**案例　厦门市海沧区海虹社区多彩艺术团促进社区融合[2]**

海沧区海虹社区是典型的"移民社区"，居民来自五湖四海，邻里之间陌生感较强。这里的大多数居民受教育程度较高，很多人热爱文艺活动。社区热心居民林老师萌发了组建合唱团的想法。艺术团除了定期巡演以外，还到社区教居民跳舞，与大伙打成一片。艺术团丰富的活动，就像巨大的磁场，使居民很好地融入小区的文艺氛围。

2　本案例结合厦门市《海沧区美好环境共同缔造报告》整理。

### 3.2.4　购买专业服务类组织

结合社区特定需求，通过以奖代补对养老、弱势群体关怀、心理辅导等专项服务进行购买，为社区提供长期的专业服务。

# 3.3　如何发动群众参与——协商共治

通过"决策共谋、发展共建、建设共管、效果共评、成果共享"，打通群众参加美好环境与幸福生活共同缔造的渠道，真正发挥居民群众的主体作用，从而加强基层协商民主，有效解决强迫命令过多、与群众沟通不足等问题。

分类型推动群众协商共治。充分发挥社区党组织在基层协商中的领导核心作用，坚持社区居民会议、居民代表会议制度，结合参与主体情况和具体协商事项，采取社区居民议事会、居民理事会、小区协商、业主协商、居民决策听证、民主评议等形式，开展灵活多样的协商活动。专业性、技术性较强的事项，可以邀请相关专家学者、专业技术人员、第三方机构等进行论证评估。吸纳威望高、办事公道的老党员、老干部、群众代表、党代表、人大代表、政协委员，以及基层群团组织负责人、社会工作者参与协商。

## 3.3.1　决策共谋

### （1）以问题为导向，引发居民积极共谋

社区围绕问题导向的思路，通过开展入户访谈与问卷调查、设立社区问题反馈箱等方式，开辟居民畅所欲言的渠道，了解社区发展存在的问题、收集对社区发展的建议。

具体方法：设立社区问题反馈信箱

● 首先将社区辖区划分为多个管理网格，选出一定数量的负责定期收集问题和意见的人，设立对应数量的信箱。

● 鼓励居民通过匿名、实名等多种方式投放信件。

● 社区专业人员对收集到的意见建议进行分类汇总，将收集到的问题按轻重缓急排序后依次解决。

● 问题得以解决后，专业人员及时将结果通过书面回信方式反馈到每户，并欢迎居民再次来信对问题的处理结果进行反馈。

**案例　思明区前埔北社区"民情领航员"** [1]

　　思明区前埔北社区依据网格化管理制度，将社区辖区划分为多个管理网格，设立 70 个"民情领航员"信箱。居民可以通过匿名、实名等多种方式，将写有自己意见与建议的信件投放到信箱中，以此广泛收集居民意见和建议。社区指定专人负责对收集到的意见建议进行分类汇总，明确责任主体，并及时将协调处理结果反馈至相关网格员，由网格员将具体情况及时反馈至相关人员。

### （2）发掘社区资源，共同谋划形成社区特色

共同发掘社区资源，包括街头巷尾、房前屋后等空间资源，文物建筑、风貌建筑等特色资源，历史文化、节庆习俗等文化资源，将其作为活化社区、培育社区特色的重要元素。

具体方法：

①开展实地调研活动，绘制资源地图。

● 居委会发动社区居民集合在一起，人手一张社区平面图，在社区范围内走动观察。

● 考察后在社区平面图上以"点""线""面"等方式标记出具有价值的要素。

● 讨论汇总参与者发现的社区资源，重新认识社区。

● 按照资源地图上的标记进行资源收集和挖掘，使社区资源服务于社区居民，达到绘制资源地图的最终目的。

1 本案例结合厦门市《美好环境共同缔造——思明经验》整理。

②采访居住多年的社区居民，向社区居民，特别是长者虚心请教，了解社区发展历史变迁呈现的特质。

### （3）广泛吸纳社会组织参与，汇聚多方智慧

把个人纳入以党组织为领导的各类组织中，进行社会治理事务的共同协商和统筹管理。以党组织、工青妇团等群团组织、自治组织、社会组织、社区组织等为基础，结合传统基层组织与新型社会组织力量，明确各类组织定位，依据各自所长承担相应社会治理事务，实现社会治理的"横向到边"。具体包括党群组织、社区大学、兴趣小组等，充分发挥其社区主人翁精神，汇集多方智慧。

具体方法：

- 挖掘社区能人，发动与组织他们共同参与。社区能人的表率与示范效应能有效激发更为广泛的群众参与。
- 培养社工人才。研究制定相关政策与制度扶持社工培养工作，探索与高校合作培养社工人才，不断壮大社工队伍。

发展社会组织。建设区、街、居三级社会组织服务中心，为社会组织提供组织培育、人才培养、项目发展、标准建设、保障服务、资源对接等综合服务。

1 本案例结合中国建设科技集团、中国建筑设计研究院《青海省西宁市湟中县上新庄镇黑城村美好环境与幸福生活共同缔造》整理。

**案例　西宁市黑城村——乡贤引领建立全民参与的共谋组织[1]**

黑城村通过村民大会推选乡贤代表，选举出的乡贤代表全村村民参与村庄事务决策与共谋，并以乡贤为主体成立"黑城村振兴理事会"这一村庄共谋组织。在黑城村民广场的改造方案讨论中，村支书蔡生录和村里能人都占才共同提出了花坛造型方案，绘画能人田胜发亲手绘制了休憩廊架方案，妇联主任鲍生莲绘制了鹅卵石步道和古树座椅的方案，设计单位综合大家的意见对原方案进行了大幅度调整，获得了村民的一致认可并最终顺利实施，真正实现了公众参与。

（4）搭建社区议事场所，提升社区发展活力

在社区搭建议事场所，使其成为开放式的公众活动中心（图3-3）。活动中心兼有社区历史展览、休闲交流功能。议事场所应当能够展现社区特色，增强社区凝聚力。

图3-3　厦门市沙坡尾工作坊驻点

具体方法：

● 寻找社区可利用的场所进行再利用，向居民征集能够体现社区的旧物、旧照片等资源，共同装扮议事场所。

● 在驻点开展议事活动，平时兼作居民休闲聊天的场所。

● 议事场所可以成为区党群组织下沉到社区的空间载体，团委工青妇等活动可以在驻点开展。

● 通过丰富场所内涵，让议事场所成为宣传展示社区的窗口。

（5）开展社区培训，拓展居民想象力

通过主题讲座、开班培训、实地调研等多种形式，开展社区规划师培训。培训方式可以是区县／镇街／社区邀请专业人士、社区能人

61

开展相关的课程培训活动，也可以组织社区居民到共同缔造成果显著的社区进行实地参观与学习。

具体方法：

● 主题讲座：针对社区居民想了解的社区建设内容，或结合相关建设活动的实际需要，邀请专家学者、民间能人等开展主题讲座，消除居民内心疑虑，帮居民树立信心。

● 开班培训：针对社区规划与建设所涉及的事项，拟定课程安排计划，邀请具有相关经验的学者等，依照课程安排开班授课，鼓励有意愿参与社区建设的热心居民与社区能人参与培训，培养其社区事务的管理能力。

● 异地学习：由政府或规划师牵头，组织社区居民代表到居民参与社区发展成果显著的社区，进行实地参观与学习，予以居民最为直观的体会与感受，扩展居民的视野，助益居民能力的提升。

### 3.3.2　发展共建

共建可以通过出资出力的方式参与建设，具体包括三种方式：

● 投工投劳。比如对于自家房前屋后的环境卫生情况，居民自己投工投劳，开展清洁美化工作。

● 按劳取酬。对于工作量较大的工作，居民采取参与建设并按照当地工时费领取报酬的方法，积极参与共建。

● 筹措资金。对于需要通过购买、聘请专人完成的活动或项目，鼓励居民积极参与用于共同缔造美好社区的资金筹措。

#### （1）共建公共服务设施

针对社区公共配套设施项目、基础设施项目，在区县/镇街政府出大部分资金的情况下，鼓励群众出小部分资金参与到共建中。针对社区私人项目，由社区居民自己出资，困难者可以申请补贴。除此以外，村民还能通过出力、出地、出点子等方式积极参与到社区的发展共建活动中。

1　本案例结合 Athlyn Cathcart
Keays 的 *How London Uses
Crowdfunding to Build
Projects— and Community*
及其发布于"城市化研
究"微信公众号的中译
版《伦敦：如何通过众
筹推进社区建设》一文
进行编写。

> **案例　英国大伦敦众筹推进社区建设[1]**

英国伦敦市政府利用政策鼓励众筹，以众筹带动居民关注、支持和参与社区建设。英国现首相、大伦敦政府前市长鲍里斯·约翰逊（Boris Johnson）提出，预留一笔资金用于鼓励社区自发的改造优化想法，重点投入在能众筹配套资金的社区自我改造项目上。这个政策在新市长萨迪克·卡恩（Sadiq Khan）任内得到延续，政府预留了 73 万英镑，约 100 万美金，多达 55 个项目竞逐这些资金，从非盈利性质的儿童咖啡店到社区节庆，想法不一而足。项目能否赢得评判人的青睐，其中一个标准即是看项目主导者能否通过众筹募集到配套资金。如果社区项目能众筹配套资金，那么更可能得到大伦敦政府的资助。

## （2）共建房前屋后空间

房前屋后指的是村民居民住宅与公共空间交接处的半公共空间。房前屋后的改造范围涉及庭院、围栏、道路、花坛、绿地等诸多微空间，临街住宅或商铺的立面修饰、社区内部的便民设施建设、闲置用地开发等活动均可视为房前屋后治理。房前屋后的改造与建设，可激发居民参与社区建设的热情；同时，每一家、每一户的共同努力，也可有效地促进社区整体风貌的美化与提升（图 3-4）。

图 3-4　房前屋后改造前后对比

具体方法：

● 自力改造：社区居民可在不违背提升村庄整体风貌、不伤及他人利益原则的基础上，根据自己的意愿与想法，进行房前屋后微空间改造。

● 合作改造：社区居民与政府、社会／社区组织、社区规划师或专业设计人员合作，针对房前屋后的特定空间共同商议与设计相关方案，进行施工与改造。当相关改造与建设活动可为社区建设带来良好的带动效应，或为社区居民提供便利时，居民可向政府申请适当的资金补助与技术援助。

### （3）共建社区文化

共建社区的特色文化，积极组织并参与社区的文化活动，挖掘社区特色，凝聚社区认同感。艺术活动在充实居民日常生活的同时，为社区居民相互联系创造条件，促使带有地方特色的文化通过活动渗透到人的认知中，从而建立人们对地方新的认知，孕育居民对地方的归属感。而寓教于乐的艺术活动，在促发认同感的同时，也具有更为丰富的教育内涵（图3-5）。

图 3-5　沈阳市中海西社区再现火车头文化
图片来源：沈阳市中海西社区

具体方法：

● 居委会与居民通过会议形式商议艺术活动的时间、频次、地点和活动的具体内容等，通过投票表决是否举办及商讨制定活动详情。

● 居委会筹办艺术活动，鼓励社区居民积极报名参加。

● 居民们通过艺术活动更加了解自己的邻居们，形成良性的互动交流，营造了和谐的社区氛围，达到邻里互动活动的目的。

（4）共建社区产业

共建社区的产业，积极活化厂房、闲置建筑等空间，通过创意植入、技艺提升等方式，提高产业效益。

### 3.3.3 建设共管

（1）建立公共事物（务）认捐认管制度

建立公共事物（务）认捐认管制度用于培养社区居民的主人翁意识，激发社区居民参与社区建设、管理、服务的积极性。各镇街出台管理制度，鼓励居民个人、家庭、企事业单位、社会团体等认捐、认管社区公共设施、公共绿化、公共活动等公共事物（务），打造可持续的共同缔造模式。

具体方法：

● 社区居委会组织实施适合该社区范围内的公共设施、公共绿化、公共活动等公共事物（务）认捐、认管。

● 社区居委会对需要认捐认管的事物（务）进行公示，认捐认管主体到社区居委会报名登记，自主选择认捐认管项目。

● 社区居委会对认捐认管主体进行审核，明确认捐认管主体的权利义务及具体内容、范围、费用等，并将认捐认管结果进行为期一周的公示。

● 在公示无异议后，认捐认管主体按照协议执行。

（2）培育社区志愿精神

志愿精神一直以来是群众参与社区建设重要的内在动力，也是美好人居环境重要的精神基础。从对社区的花木园林、广场公园、房前屋后等公共事物、公共空间的认捐认养做起，开展门前三包活动，培育社区居民的志愿精神（图3-6）。

图 3-6 植物与莲花池认养、认管

具体方法：

● 支持组织发展：鼓励、引导社区组织积极参与到社区志愿服务与管理的过程中，着力培养与支持志愿服务类、公益类组织的成长与发展。

● 建立轮管机制：鼓励与引导社区居民以认养、认管、轮值等方式参与社区植被、空间与事务的管理，在轮管活动推进的过程中，逐渐培育社区居民的志愿精神。

● 开展联谊活动：组织开展社区联谊活动，进一步促进社区居民相互交流与认识，从而促发邻里互助、邻里联防等社区共管氛围形成。以建设邻里和睦的社区、为美好人居环境与幸福生活的建设积蓄精神动力。

### （3）鼓励居民积极参与社区共管组织

在共谋与共建的过程中，越来越多的社区能人与热心居民涌现出来（图 3-7），在社区管理问题日益突出的情况下，组织的建设无疑是凝聚居民力量，实现社区长效管理的有效手段。居民通过居民自治小组、业主委员会、治安巡查小组、党群组织、社会组织等多种组织参与社区的建设与管理。

具体方法：

● 基于现有组织：在探寻社区资源的过程中，挖掘社区现有的组织。依据社区发展的实际需要，完善现有组织，使其更好地参与到社

图 3-7　沈阳市亢秉铨劳模大集与雷锋志愿精神传承

区的建设与管理过程中，充分发挥其能力与价值。

● 针对特定需求：针对社区问题与居民需求，建设新的社区组织，如管理居民物业事务的居民自治小组、业主委员会、治安巡查小组，或丰富居民文化休闲生活的书法兴趣小组、社区艺术团等，丰富与完善社区治理体系。

● 社会组织合作：积极与社区服务、建设相关的社会组织展开合作，通过购买服务或设立分部等方式，为社区引入专业的组织机构，在构筑完善的社区管理服务网络之余，培育社区本地参与社区建设、提供社区服务的专业力量。

### （4）拟定社区准则

作为社区治理重要的支撑体系与长效机制，共同缔造的过程中，社区准则的建设是各项建设项目推进过程中不可缺少的内容。社区 / 居民通过拟定社区环境卫生、停车管理、自治公约、物业管理公约等社区准则，形成保障居民参与、相互监督与约束的共识性条例。

### （5）商讨社区行动计划

欲使社区规划的各项建设活动与管理活动有条不紊地进行，对其活动内容与时序的安排就显得尤为重要（图 3-8），这不但有助于社区

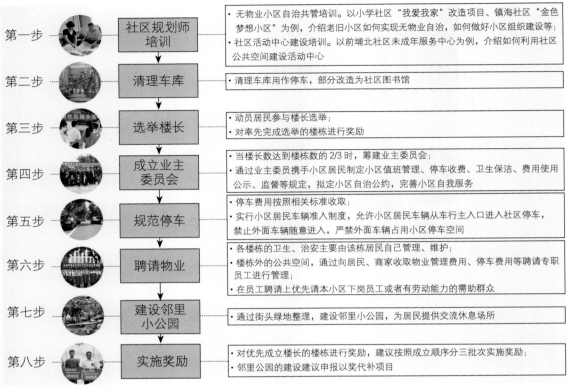

| 第一步 | 社区规划师培训 | • 无物业小区自治共管培训。以小学社区"我爱我家"改造项目、镇海社区"金色梦想小区"为例，介绍老旧小区如何实现无物业自治，如何做好小区组织建设等；<br>• 社区活动中心建设培训。以前埔北社区未成年服务中心为例，介绍如何利用社区公共空间建设活动中心 |
| 第二步 | 清理车库 | • 清理车库用作停车，部分改造为社区图书馆 |
| 第三步 | 选举楼长 | • 动员居民参与楼长选举；<br>• 对率先完成选举的楼栋进行奖励 |
| 第四步 | 成立业主委员会 | • 当楼长数达到楼栋数的 2/3 时，筹建业主委员会；<br>• 通过业主委员携手小区居民制定小区值班管理、停车收费、卫生保洁、费用使用公示、监督等规定，拟定小区自治公约，完善小区自我服务 |
| 第五步 | 规范停车 | • 停车费用按照相关标准收取；<br>• 实行小区居民车辆准入制度，允许小区居民车辆从车行主入口进入社区停车，禁止外面车辆随意进入，严禁外面车辆占用小区停车空间 |
| 第六步 | 聘请物业 | • 各楼栋的卫生、治安主要由该栋居民自己管理、维护；<br>• 楼栋外的公共空间，通过向居民、商家收取物业管理费用、停车费用等聘请专职员工进行管理；<br>• 在员工聘请上优先请本小区下岗员工或者有劳动能力的需助群众 |
| 第七步 | 建设邻里小公园 | • 通过街头绿地整理，建设邻里小公园，为居民提供交流休息场所 |
| 第八步 | 实施奖励 | • 对优先成立楼长的楼栋进行奖励，建议按照成立顺序分三批次实施奖励；<br>• 邻里公园的建设建议申报以奖代补项目 |

图 3-8　和睦邻里行动计划

规划实施者对社区建设事务的把握，更有助于增强社区规划内容的可实施性，也可让居民看到社区规划方案每一步的实施过程，从而为居民参与社区建设、监督规划实施创造条件。社区 / 居民通过商讨社区规划与建设的行动计划，合理安排实施事项，为居民参与社区建设、监督规划实施创造条件。

具体方法：

行动计划所涉及的事项，可包括社区规划与建设的全部内容，也可仅包含特定社区建设议题与项目的内容；可涉及政府、社会 / 社区组织、规划师与社区全体居民，也可以仅为社区中特定的群体。行动计划是将多元主体的参与及具体的规划方案相结合，将实施事项合理安排在特定的时间节点，保障凝聚多元主体共识的规划项目切实得以实施与落地。

### 3.3.4 效果共评

**（1）共同制订评选标准**

共同缔造与传统规划和管理有着较大的差异，政府应对以往单纯从政府层面自上而下拟定的社区工作评比标准作出适当的调整，使其契合共同缔造下社区工作的实质内容，满足不同类型社区建设的评比需要。区县/镇街政府组织不同社区相互学习参观并互评，通过以奖代补奖励先进。

社区评比包括社区管理绩效、建设项目评优、社区事务评比等相关标准。

具体方法：

- 明确评选的工作方案。镇街拟定评议细则，包括评选流程、社区管理绩效、建设项目评优、社区事务评比的标准等，满足不同类型社区建设的评比需要。
- 展示参评的项目与活动。社区对房前屋后美化、阳台绿化等以居民为实施主体的活动开展阶段性总结与回顾，鼓励居民自发、自愿参与社区活动（图3-9）。

图3-9　阳台绿化评比

- 社区共同参与评选。社区对开展的建设项目、文化活动等进行评议，评选群众最为满意的建设项目或者组织方，树立社区规划与建设的典型。

### （2）奖励优秀

评比的目的之一在于依照评比结果，予以先进个体或组织以奖励，形成"比学赶超"的参与氛围，从而激励社区居民与组织为社区规划与建设投入更高的热情，这是共同缔造激发群众广泛参与的重要手段。

具体方法：

- 从政府层面，针对社区规划与建设的特定事项，设立公正而明晰的奖励标准，明确奖励资金的来源、规范奖励资金的管理，形成简洁易行、切实具有激励效应的奖励机制。
- 制定"以奖代补"的具体标准与细则，对社区、社区组织及居民等积极参与社区规划与建设的主体，或取得广泛认可、切实发挥效用的建设项目，通过奖励的形式予以补贴，并将评比结果与奖励于社区内公示，接受社区居民的监督，以此促发更大范围内的激励效应。

## 3.3.5　成果共享

### （1）共享美好环境幸福生活的成果

互动共治有效突破了共享目标中改善物质生活的基准线，从而使居民的生活品质得以优化、生态环境得以改善、文化精神得以形成，法治保障逐渐巩固，社会日益和谐。

### （2）形成共享的使用规则

共享的前提是不能随意破坏社区公共环境、占用社区公共空间，并且自觉遵守社区环境卫生、停车管理、自治公约、物业管理公约等准则。

（3）社区全体居民平等享有完整社区的齐备设施与服务，共享 15 分钟社区步行圈

社区全体居民平等享有社区的各类文化活动，以及社区居民相识、相熟、相知的交流平台（图 3-10）。社区全体居民平等享有社区的经济发展活力与产业收益，以及良好的精神风尚与温馨友好的社区氛围。

完善游园设施

营造休憩空间

图 3-10　共享美好环境与幸福生活

# 04

## 美好环境与幸福生活共同缔造的切入点

- 本章主要介绍了美好环境与幸福生活共同缔造的切入点。

- 切入点在于群众身边的点滴小事，可能是房前屋后、街头巷尾，也可能是生活垃圾分类、进出停车等。这些小事贯穿群众的日常生活，是群众最能直观感受的事情。小事做得好，能更好地带动群众关注和参与共同缔造。

- 转换规划师角色，通过共同缔造工作坊搭建多方参与平台，以多样化的主题活动引导居民掌握美好环境与幸福生活共同缔造的技能与方法。

# 4.1 选社区试点做示范

选取若干资源禀赋、文化传承和经济社会发展水平等不同类型的地区开展共同缔造试点，为当地全面开展共同缔造探索更适宜本土的组织架构模式与工作方法，并及时将趋于成熟的经验做法上升为制度，将共同缔造进一步系统化、制度化。

共同缔造的开展需要选取试点进行探索与实践。根据社区实际情况，社区分为历史文化社区、城市老旧社区、城市新社区、更新型村庄社区、生态型乡村社区等不同类型，每种类型选取 1~2 个作为试点社区。

试点社区选取要点如下：

试点所在区县/镇街具备良好的统筹与协调能力，群众动员能力强，对共同缔造活动具有较高的积极性。

社区有一定组织基础，居民参与意识较强。

社区问题具有代表性，通过试点探索能够为全区推广提供较好的经验。

社区尺度规模适宜，人口分布相对集中，具备一定向心力。

社区具备发展产业的基础，或者社区具有较好文化、传统工艺等特色资源。

# 4.2 从群众关心的身边小事做起

房前屋后、街头巷尾等是群众关心的空间，也是群众乐意共同参与建设的场所。通过群众身边的小事、重要事做起，让居民亲自参与共同缔造并能够感受其带来的美好环境变化，形成更好的示范效应，带动更多人积极参与到共同缔造中。

## 4.2.1 从房前屋后做起

　　房前屋后的改造与建设，可以激发居民参与社区建设的热情，令家家户户共同付出，有效美化与提升社区整体景观；还可以激发群众共同参与美好人居环境建设的热情，凝聚群众的力量，为基层组织发挥作用奠定良好的基础。房前屋后环境的改善，包括环境整洁、卫生、绿化等，囊括花圃、院落等诸多微小空间；社区庭院的增绿优化、服务社区老幼的便民设施建设、沿街建筑立面的整饬美化等都可以归入房前屋后的治理范畴。

## 4.2.2 从街头巷尾做起

　　街头巷尾的空间是居民实现良好互动的重要场所，有利于营造良好的社区氛围，有助于形成社区认同感。从街头巷尾出发，可以运用现有的空地等闲置空间，营造出社区居民所需的休闲空间、运动空间、聚会场所等室外公共空间。从类型上看，街巷往往从老旧、狭窄的社区内部步道或外围环道更新为配套齐全的绿道、步道、自行车道等。街头巷尾的营造涉及街巷类型的更新、周围环境的美化以及设施维护管理等方面。

### 案例　韩国釜山甘川洞太极村 [1]

　　韩国釜山甘川洞太极村位于山坡上，村庄人居环境差，人口流失严重，面临衰亡危机。为了克服经济危机带来的经济不景气等社会问题，韩国政府开始推行"村落艺术"项目的政策支援活动，鼓励村庄用艺术改善环境。

　　村民把握机遇，与艺术团体共同缔造，首先在主路布置艺术作品。项目以山路为中心，在 12 个区域内创作和设置了各种艺术作品。其中 4 处是地区居民和小学生共同参与的作品，如"彩虹之村"（材料来自居民捐赠）、"蒲公英的悄悄话"、"人与鸟"等，这为地区环境的改善拉开了序幕，并给项目的持续进行做了重要铺垫。随后，艺术团体与村民开启"美好迷路"项目，项目从以道路为主扩展到了地区内部的空房子之中。

　　2012 年，政府及艺术家通过与地区居民的交流、与地区艺术团体的相互合作，启动了"幸福翻番：马丘比丘胡同项目"，项目继续改善乡村生活环境，大大提升了村庄对外形象。

1 本案例结合《"文化艺术"手段下的城乡居住环境改善策略——以韩国釜山甘川洞文化村为例》《没有房顶的美术馆：韩国的村庄艺术项目》《让历史、现在与未来共生息——韩日都市更新专题考察与启示》《乡村振兴之全球样本：韩国甘川村、不一样的彩绘村——以上帝视角去刷墙》整理编写。

### 4.2.3　从广场绿地做起

广场是聚集人气的地方，广场空间的美化、设施的完善、文化的展示，对提升居民的幸福感、社区自豪感有重要意义，对建设美好环境起关键作用。常见的社区广场绿地类型有儿童广场与公共空间。

#### （1）儿童广场

儿童广场在营造过程中通过征询父母群体的意见、居民共同维护实现了社区共建的目的。现有的儿童广场营造方式多样，包括建设独立儿童游乐区、改造社区老旧开敞空间（停车场、废弃水池……）、划定社区广场特定区域等（表4-1）。

**儿童广场营造需遵循原则一览表**　　　　表4-1

| 原则 | 内容 |
| --- | --- |
| 安全性 | 场地内各要素要尽量避免危险事故发生。需要严格检查游戏设施构架的坚固性及尺度的适宜性，尽量避免棱角设计而以圆角设计代之，减少儿童游戏时受到伤害的可能性 |
| 发展性 | 空间规划和布局需考虑是否契合儿童的认知和心理发展特性，要尽量符合儿童的标准，促进儿童的身心全面发展。同时，要考虑到陪同者多为青年父母或老年人，在规划中需为他们预留一定的活动空间 |
| 趣味性 | 要保证空间组织的趣味性和可玩性，符合儿童的年龄和心理特征，激发儿童的游玩兴趣 |

#### （2）公共空间

居民可通过为公共空间改造与建设提出设想与建议，参与方案拟定，并通过提供人力、物力与财力支持方案实施等举措，参与到公共空间的共建过程中。传统空间的维修与改造，在为居民提供良好的活动空间之余，往往能更深层地激发居民内心的认同感与归属感；新兴公共空间的建设则最能体现居民的真实需求，容易激发居民共同参与建设的热情（表4-2），通过为政府建言献策、与政府合作共进达到表达居住者意志的目的。居民共同建设的公共空间，往往更有代表性和凝聚力，能将人们对地方的认知范畴聚集在一起，有助于唤醒或重塑社区认同感与归属感。

居民参与共建的公共空间类型　　　表 4-2

| 类型 | 内容 |
| --- | --- |
| 传统的公共空间 | 社区内已经建成且长久以来被居民视为重要活动场所的公共空间。这类公共空间常见于乡村地区，如祠堂、庙宇等重要的建筑及大榕树、牌坊等标志性元素所处的空间等 |
| 新兴的公共空间 | 社区，特别是城市社区为提高居民生活水平、提升其生活质量建设的满足社区居民健康、娱乐等需求的公共空间。包括体育场、活动中心、家庭综合服务中心等服务设施，以及城市农场、广场、池塘、公园等开放空间 |

## 4.2.4　生活垃圾分类

实行生活垃圾分类，关系广大人民群众生活环境，关系节约使用资源，也是社会文明水平的重要体现。生活垃圾分类要通过"五全工作法"来开展，做到全民众参与、全部门协同、全流程把控、全节点攻坚、全方位保障（表 4-3）。

通过"五全工作法"开展生活垃圾分类　　表 4-3

| 类型 | 内容 |
| --- | --- |
| 全民众参与 | 发动社会共同缔造，切入学生教育，发掘典型示范引领 |
| 全部门协同 | 党委、人大、政府和政协协同领导，多个市直部门分别承担垃圾分类的相关职责任务，各司其职、相互协同、齐抓共管 |
| 全流程把控 | 全流程把控，分类投放注重激励，分类收集精细分工，分类运输、分类处理设施同步建设 |
| 全节点攻坚 | 抓好各类垃圾收运处理到位，破解各环节难题 |
| 全方位保障 | 以加大投入保障、以立法强制保障、以科技手段保障 |

77

### 4.2.5　社区公约拟定

社区 / 居民通过拟定社区环境卫生、停车管理、自治公约、物业管理公约等社区公约，形成保障居民参与、相互监督与约束的共识性条例。社区规划与建设的重要目标是建设美好人居环境，同时实现良好的社会治理。在共同缔造的过程中，作为社区治理重要的支撑体系与长效机制，社区公约的建设是各项建设项目推进过程中不可缺少的内容。

### 4.2.6　无障碍空间

社区里最需要关怀的是老年人。我们总是会以"这是为了您好""您那样做不利于健康"的理由拒绝老人的请求。对老人而言，融入社会生活非常重要。如果被社会隔离，老人很容易活力衰竭。因此，一方面需要丰富老年人活动，另一方面要加强社区无障碍的空间设计，营造充满人文关怀的空间，让老人能够舒适安全地出行，主要包括以下四方面：建设平坦的道路，配备齐全的服务设施（公厕、座椅等），设置清楚的标示，设计无障碍的出行空间（扶手、防滑铺面等）。

### 4.2.7　老旧小区加装电梯

加装电梯需要楼栋居民通过协商共治达成共识。老旧小区加装电梯的诉求强烈，但加装电梯涉及整栋各层业主的利益。低中高层业主在加装电梯中的利益差异决定了他们的期望差异，需要协调利益，不同群体要达成共识。通过社区治理、协商共治的平台与机制的建立，推动老旧社区电梯加装，是改善居民生活，使群众拥有获得感、幸福感、安全感，推进社区长效治理体系形成的重要切入点与抓手。老旧小区加装电梯需要坚持党委政府统筹抓，完善"区—街—社区—网格—楼宇"五级党建力量，通过街道—社区—网格—楼宇层层推进旧楼宇电梯加装。做好制度保障，从政策、规划、服务、奖励、技术等层面做好保障。在居民层面，重在通过多方引导，使居民切实参与到各个环节，实现老旧小区加装电梯中的共谋、共建、共管、共评、共享。

## 4.2.8　污水处理

根据不同的污水类型，要采取不同的处理措施，包括雨污分流、生态分解等。污水包括生活污水、工业废水等其他无用水，城市生活和生产产生了大量生活污水、工业污水，村镇则以生活污水、农业污水为主。若无适当、及时的处理，污水不仅会污染环境，还会损害居民身体健康，大大降低城乡人居环境品质。

## 4.2.9　立面整治

小区立面是城乡社区环境景观最直观的体现，对其进行整治可动员居民参与美好环境建设。在多年的发展中，社区建筑立面存在破损、老化、杂乱、积垢、栏杆生锈、违规搭建等问题。立面整治可以改变建筑材质，转型环保节能建筑。立面整治还可以鼓励社区居民关注社区整体风貌，通过共同改进各家各户房屋的面貌，提升居民的主人翁意识，激励居民参与社区公共事务。

## 4.2.10　妥善商讨老旧小区停车难问题

老旧小区停车问题关乎小区邻里关系。随着我国小汽车数量的快速增长，停车成为难题，在老旧社区中此类问题尤为突出。由于早期小区建设时小汽车尚未兴起，绝大多数老旧小区没有专门的停车空间。现今出现停车难的状况，多数汽车不得不占道停放，缺乏管理或管理混乱，邻里争夺停车位，利益冲突造成社区矛盾，邻里关系紧张。停车混乱还会堵塞小区消防通道，埋下重大隐患。共同缔造通过增加停车设施、划定停车空间，能协调社区群众利益，促使社区群众考虑社区整体发展事务，共同谋求社区停车解决方案，共同建设停车空间，共同监管停车位合理使用，共享空间利用更有效。

## 4.2.11　修缮小区道路

共同缔造通过修缮小区道路，有助于提高道路维护管理的集体意识。小区道路作为社区公共用地之一，常常面临用而不护的境地，年久失修，易损坏、下陷，步行、骑行和车行使用感受差，载重车辆频繁进出会进一步加剧道路损坏，社区环境景观品质大大降低。在乡村中，社区道路往往未加规划、硬化、修整，存在很多断头路，车行通道不连贯，一下雨就泥泞难行，亟待修缮优化。共同缔造通过修缮小区道路，有利于发展社区居民主人翁意识，提高对社区道路维护管理的集体意识，协调小区道路使用的矛盾，大大强化社区居民对改造的获得感，避免政府费力不讨好。

## 4.2.12　文化古迹、历史建筑保护利用

保护利用文化古迹、历史建筑，激发社区居民的认同感和归属感。历史文化社区是城市和村庄中广泛存在的一种社区，社区中有文化古迹、历史风貌建筑等，常常面临历史文化风貌损坏的问题。针对这类问题，重点是激发社区居民对社区历史文化的认同感和归属感，共同实现社区文化长久持续的传承和彰显，延续历史空间文脉。政府引入第三方专业服务加以引导，通过共同缔造激发社区群众对当地文化的认同感和归属感，建立保护社区历史风貌的共识，一起探讨文化传承途径，最终形成社区群众认可的社区改造更新方案，方案实施后，共同制订针对历史风貌维护等问题的公约并实行。

1 本案例结合西村幸夫的著
作《再造魅力故乡——日
本传统街区重生故事》等
相关资料进行编写。

**案例　日本北海道小樽市运河引发对历史建筑和历史街区的保护 [1]**

见证当地辉煌历史的小樽运河即将被填埋，人们发起保护小樽运河的活动，进一步引发社区营造，最终找到了人与自然和谐相处的绿色发展方式。

小樽运河保存运动中，当地年轻理论家依托 1978 年开始的小樽港都庆典，举办相声和演讲会活动，向市民传播环境教育和社区营造知识。小樽港都庆典从 1978 年持续到 1994 年，港都庆典执行委员表示："在石造仓库和历史性建筑物中举行演讲会和相声等活动，可以说超越了日本向来所采用的冻结式（博物馆式）保存方法，具体实践了'历史性建筑物再生·再利用'的'新保存方法'。这种再生与再利用，不仅仅是'供人参观'，而且是'充满活生生的生活感的观光'，是对'社区营造'有所贡献的提案。在纯粹由大众传播媒体炒热的运河论争风潮中，如今市民开始走向运河和它周遭的历史环境，很愉快地与小樽运河的保存与再生产生共鸣。"

小樽运河最终被填埋了一半，但运动并非完全失败。运河填埋后，市政府的强硬姿态慢慢发生了变化，希望活化市内残存的历史性建筑物，积极地进行社区营造。原先的交通计划中，运河只留下 10m 宽，三线车道紧逼运河，非常煞风景。而今运河宽度保留了约 20m，沿河还增设了散步道，散步道上还设置了供观光拍照的雕像、小型画廊，夜晚煤气路灯与点点海鸥相映衬，人与自然构成和谐共处的独特画作，成为日本著名的小樽风景代表。依靠后续历史性街屋改造，小樽一跃成为大受欢迎的观光胜地，带动了当地旅游业及其他产业的蓬勃发展。

# 4.3　转变规划师角色，建立社区规划师制度

在美好环境与幸福生活共同缔造的具体实践过程中，规划师角色由单一的规划主导者，转变为更为多元的组织者、协调者、引导者等角色。规划师需要充分发挥连接政府、群众、社团等多元主体的作用，从以往物质规划的主体转向利益调节的主体。

### 4.3.1　为什么要建立社区规划师制度

社区规划师任职形式、服务时长、服务内容、聘用待遇、定期培训、团队组织、管理衔接等议题均需要通过制度建设来确定解决方案，推动社区共同缔造的实现。目前，全国多个城市根据自身的工作需求开展了一些与社区规划师相关的实践与模式探索。实践表明，社区规划工作因为其长期性、专业性、复杂性等特征，具有一定难度。对社区规划师、政府提出相应的要求，需要进行相应的制度建设保障，才能使社区规划师在社区发展建设中发挥作用（表4-4），使社区居民真正当家作主，规划设计出社区居民实际需要的社区，推动社区居民共同治理、维护社区。综合面向社区居民、政府的工作内容，不难发现，社区规划对社区规划师的时间、精力、能力等提出不小的要求。单纯要求社区规划师提供志愿服务，实际操作是不可能的。若是单靠兼职，则会出现社区规划师参与不到位、服务不到位的问题。面向群众时，社区规划师需要长期驻扎在特定社区，掌握一定沟通技巧和当地语言，与社区居民顺畅地交流，捕捉社区居民的意见和需求，宣传、讲解和普及规划知识，熟悉了解社区方方面面的问题、资源、历史、文化、已有规划等，引导社区居民开展参与式规划。面向政府时，社区规划师要参与定期培训、交流会议、汇报工作，准确、及时地反映居民实际诉求和看法，参与工作考核，分享社区规划的经验和建议，协助政府完成社区规划管理、调整等工作，推进社区规划落地。因此，多个城市政府在实践后发现，社区规划师任职形式、服务时长、服务内容、聘用待遇、定期培训、团队组织、管理衔接等议题均需要通过制度建设来确定解决方案，同时要明确各级政府在社区规划师制度建设中的角色，切实支持社区规划师，推动社区共同缔造的实现。

共同缔造中规划师的主要作用                表 4-4

| 作用 | 内容 |
| --- | --- |
| 共寻发展问题 | 秉承"最了解社区问题的正是生活于社区的居民"的想法，规划师通过实地调研、走访座谈、问卷调查等多种方式，与居民、政府等主体共寻发展问题，确定工作坊突破点，推进社区"再认识"、切实了解居民意见与需求、促发居民对社区事务的关注，形成共识 |
| 挖掘社区资源 | 社区资源包含自然、人才、资本、文化等诸多要素，是社区发展的有力支持，也是社区特质所在。规划师结合实地调研与反馈信息，充分挖掘社区资源，以此整合发展要素，引导社区结合发展实际，探索适宜的特色化发展道路 |
| 发动与组织群众 | 共同缔造的核心是群众参与。但群众参与并非依托群众自愿或规划师单方努力即可实现，需要规划师通过多样的讨论、咨询会议、丰富的参与活动发动与组织群众，实现共同参与 |
| 担当政府与群众的媒介 | 共同缔造强调自上而下与自下而上的结合。在此过程中，规划师应充分发挥引导、联系与协调作用，通过多方交流会议与活动的开展，搭建政府与群众、社团的互动桥梁，促成多方共识与合作 |
| 培育基层规划力量 | 通过共同缔造工作坊的参与，一批热心于社区事务的居民在潜移默化中掌握一定的规划常识。规划师通过课程培训、项目指导等方式，培育社区规划师，形成可持续的基层规划力量 |

## 4.3.2 明确社区规划师工作内容

社区规划师需要扎根社区，长期与居民以及居委会、街道等基层组织进行沟通，为城乡规划建设发展、社区规划、社区治理事项提供专业服务。社区规划师工作职责包括三方面：一是向居民及基层部门宣传规划知识，二是通过公众参与的方式进行以公共利益为导向的规划与建设，三是通过上下结合的沟通机制推动规划编制审批及建设管理程序的完善。社区规划师要能够积极参加社区规划师培训课程、社区规划政策讨论及咨询会，积极向市一级规划协会反馈社区规划的经验与建议。

### 4.3.3 遴选与聘任社区规划师

社区规划师需要的是对社区热心、有治理经验、有社区管理经验、对综合事务比较了解的人。社区规划师团队的构成，需要包括专业规划人员、热心居民、熟悉地方的社会团体，以及志愿者等。其中专业规划人员需要提供规划方面的咨询和知识普及服务，而热心居民、当地社会团体以及志愿者需要熟悉当地的社情民意，是当地居民信任的人，便于帮助组织社区相关资源，参与社区规划及建设方面的讨论，能够成为专业规划人员与普通群众进行沟通的桥梁。社区规划师由城乡规划相关部门向全市规划师征集报名，报名的规划师可自愿选择对口社区，由城乡相关部门、街道、规划师本人签订社区规划师聘书，确定聘任年限。

### 4.3.4 社区规划师待遇建议

社区规划师纳入志愿者体系进行统筹，享受相应待遇。社区规划师服务期间，工资和所有福利待遇不变，由所在单位负责发放，到社区开展咨询服务活动按出差相关规定报销差旅费。社区规划师可以就社区规划、社区治理事务请求城乡规划主管部门提供相关的规划资料。城乡规划相关部门根据社区规划师开展工作情况给予相应的工作经费。每年由市一级和区一级城乡规划相关部门、街道及社区对社区规划师进行评奖，对表现优秀的社区规划师予以奖励。

### 4.3.5 社区规划师管理和考核方式

通过例会与考核方式优化社区规划师队伍建设。市一级城乡规划相关部门负责社区规划师的选聘、管理和年度考核工作，重要事项应充分征求市委组织部、市人社局、区人民政府的意见和建议，区人民政府指导相关工作。区人民政府或区国土规划主管部门可结合项目评

审、部门座谈、专家论坛、专题研究等,邀请社区规划师参加,支持
其开展日常技术咨询活动。市一级城乡规划相关部门组织社区规划师
定期召开例会,交流咨询服务工作开展情况。社区规划师主管部门负
责汇总社区规划师咨询服务记录,在例会时向市一级城乡规划相关部
门提交备查。由区规划国土部门、对应服务街道及社区,对社区规划
师实行年度考核制度。将社区规划师参加技术咨询服务的次数和技术
咨询意见质量作为年度考核的重要依据。考核等次分为优秀、称职和
不称职。社区规划师年度考核结果存入本人档案,并作为评优和相关
技术职称评定的重要依据。

### 社区规划师有下列情形之一的,予以解聘

——本人主动要求退出的;
——因工作变动,不能履行职责的;
——无正当理由,连续多次不参加技术指导和咨询活动的或考核不称职的;
——有违反国家有关法律法规和规章制度行为的。

## 4.3.6  社区规划师制度从试点做起

政府在实施社区规划师制度时,要进行试点选择。由区(县)一
级城乡规划相关部门向市一级城乡规划部门提出。街道或社区可自愿
提请。同时,区(县)一级城乡规划相关部门对其认为有社区规划迫
切性的社区,建议实施社区规划师制度。

# 4.4  开展共同缔造工作坊[1]

共同缔造工作坊是开展美好环境与幸福生活共同缔造的有效平
台,通过针对性举办与社区密切相关的丰富多样的主题活动,引导居

1  本部分结合《共同缔造工
作坊——社区参与式规划
与美好环境建设的实践》
进行修改整理。

85

民参与到美好环境共建中，将传统专业性的规划图纸转变为可读性更强的意象图、动画等，让居民理解规划、落实规划，探索"接地气"的规划建设组织形式。

## 4.4.1　什么是共同缔造工作坊

**（1）工作坊是美好环境与幸福生活共同缔造过程中方法上的一种创新**

共同缔造工作坊是以公众参与为核心，以问题为导向，以空间环境改造与体制机制建设为手段，依托规划师构筑政府、公众、规划师和社团等多元主体互动的平台（表4-5）；工作坊引导各主体以多样化方式参与到绿色城乡规划建设的多个环节中，促成各主体社会联系的建立与发展共识的达成，通过各主体协商共治制定符合多方愿景的规划方案，探寻推进社区可持续发展的方法与策略。

**工作坊的组织架构与任务分工**　　　　　表 4-5

| 组织架构 | 任务分工 |
| --- | --- |
| 主办者 | 主办者可由政府机构或者专业组织者承担。工作坊涉及部门多，包括国土空间规划、民政、城市更新等多部门。为提高工作坊的统筹协调效率，建议由属地党政牵头，联合规划、民政、文广、名城等多部门，形成主办单位。主办者主要发挥统筹协调作用，保障工作坊顺利进行，并且落实宣传发动、场地设施、经费保障等内容 |
| 相关利益者 | 地方利益团体是工作坊核心的参与人员，主要是社区居民。工作坊在开展过程中，需要设立对外开放的驻点，欢迎社区居民加入、提供建议等。相关利益者需要结合自身实际，阐述对工作坊议题的看法；在阐述过程中需要保持合理的秩序，避免发生争吵。同时相关利益者应当发挥社区宣传者作用，向周围更多的居民解释工作坊活动，让工作坊商讨出来的共识更具有代表性，让居民更积极自主去推动工作坊行动计划的实施 |

续表

| 组织架构 | 任务分工 |
|---|---|
| 支援团体 | 包括社会义工组织、企事业单位等，主要发挥协助相关工作顺利推进的作用 |
| 专家咨询团队 | 负责组织与推进活动进行，并引导参与者达成共识，可以是固定的顾问团，也可以是针对某项特定主题而设立的专题小组。专家咨询团队核心人物可引导工作坊顺利开展，并且在规划技术领域普及相关的规划内涵、政策内涵 |

### （2）工作坊能够让居民更容易理解共同缔造，也能让居民更深度参与到共同缔造中

工作坊能够让居民在参与中逐渐掌握共同缔造的技能，并且培养本地能人，形成示范效应。因此，工作坊需要长时间深入社区，这一过程一般需要一年时间。共同缔造工作坊让居民、政府从"你"和"我"的关系，转变为"我们"的关系，从"要我做"变为"我要做"。同时，共同缔造工作坊可培育基层规划力量。通过工作坊的参与过程，群众不仅更充分地了解自己社区的状况，而且可以学习到规划知识与技能，从长远角度来看，更有利于社区的未来发展。工作坊要求政府、规划师、社会学者、群众等多方共同参与，在规划过程中促使各方建立起良好的合作关系和沟通机制，并促成政府与群众、群众与群众之间的和谐关系，从长远角度来看，也更有利于社区的可持续发展。工作坊充分发挥各方的智慧，融合多方的价值观，因而更符合美好环境与幸福生活共同发展的需求。[1]

### （3）根据问题或者目标涉及的利益群体不同，工作坊面向的群体范围不同

工作坊面向的群体范围可以是整个社区的居民，通过社区居民来探讨社区存在的方方面面问题；也可以只是面向一栋楼的居民，通过楼栋居民探讨加装电梯、楼栋自治等特定的问题。它的参与主体具有多元化特征，对于老旧小区，主要有居民、党员、居委会等；对于新城市社区，除了上述成员，可能还存在物业的参与方；对于村庄，除了村民还有理事会、合作社等集体组织。

1 王蒙徽、李郇：《城乡规划变革：美好环境与和谐社会共同缔造》，中国建筑工业出版社，2016，第136页。

### 4.4.2　工作坊的主要流程

共同缔造工作坊注重组织系列参与式主题活动,为规划师、政府、群众等主体深度互动与参与提供载体。工作坊不再仅是单独依赖个人的观点与传统规划程序和思路,而是借由不同领域、不同利益群体的社区成员共同参与,通过 1 年左右时间,开展针对性的主题活动,以具有创造力的合作方式,共同达成对社区未来发展的共识,并提出新的行动策略和治理制度。工作坊操作与进行的方式,通常都是随着不同的议题发生变化,而操作手法的基本模式与架构是相似的,大体可以分为以下 6 个阶段(图 4-1)。其中筹建工作坊、开展主题活动等阶段重点需要政府部门搭建平台,建议由属地政府牵头联合街道、职能部门等,不断引导社区居民参与;并且在参与过程中不断培训居民,提高居民自治能力,让其逐渐变为社区的主角。

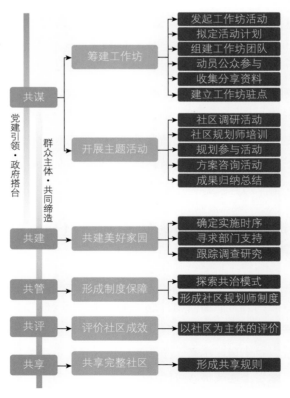

图 4-1　工作坊的通用流程

## （1）筹建工作坊

明确工作坊的设立目的。工作坊是一种参与平台，也是一种组织社区规划的方式。针对特定问题或特定目的，将相关利益群体通过工作坊的形式组织在一起，动员居民共同商议如何解决问题、实现目标。工作坊设立的目的在于，为解决问题和实现目标，提供一个参与的平台和途径；并且通过合适的引导，让居民群策群力，提出合适的行动计划。工作坊可以为了加装一栋电梯而成立，也可以为了思考村庄集体经济发展策略而成立。举办工作坊核心在于逐渐培养当地居民参与的技能与共同缔造的意识。因此，工作坊并非为了举办活动而举办，否则当工作坊活动结束，社区可能恢复原来的发展情形。工作坊试图通过系列参与式活动，以及对社区组织、社区制度的探索，让居民的自主意识迸发出来，并且可以促使居民形成对未来发展的共识，构建保障社区可持续发展的社区自治组织、兴趣小组等。

明确工作坊的阶段性目标。有些工作坊的议题看似简单，但其实需要涉及多方的利益协调，需要拟定阶段性目标，明确活动计划。有些议题则是可以分解为许多个小议题，逐一去解决。因此，工作坊需要结合议题的难易程度，特别是社区居民的关注程度，明确近中远期的发展目标。一般而言，为了更好地调动居民积极性，增强居民对未来发展的信心，近期目标以场所环境提升为主，让居民看到通过共同缔造能够取得的成效；远期目标则以制度建设、组织管理为主，将工作坊倡导的理念与工作方式内化为社区居民共同遵守的准则，以"五共"的工作方式探讨未来可能面临的问题。

发起工作坊活动。工作坊的发起一般有两种形式。一是由关心环境改善的个人或组织来发起工作坊行动，如发起加装电梯活动；二是由属地政府联合职能部门、街道等针对社区发展存在的问题举办工作坊，如举办社区规划工作坊。活动发起的同时，发动主体需要提出工作坊需要解决的问题或者希望实现的目标，明确工作坊的核心任务；同时，需要提出工作坊的经费预算与筹募经费的途径。

　　拟定活动计划。拟定科学合理的活动计划是筹划工作坊过程中的一项基本工作。活动计划的拟定，可保障活动有序且有效地开展，避免因无计划活动的开展，耗费不必要的物力与财力，阻碍工作坊工作的推进。在决定开展某项活动后，需要明确活动的目的、活动的时间、参与活动的主体，及各主要负责人或团体的具体工作职责。在明确各项活动的安排之余，活动计划应当具有一定的灵活性，如当工作坊活动与当地节庆活动冲突时，需调整工作坊活动时间，保证工作坊活动是当时当地主要吸引群众参与的活动，确保群众的广泛参与，确保参与质量。同时，针对某些容易受不定因素影响的活动，如受天气影响的室外咨询活动，应在计划内拟定相应的应急方案。

　　组建工作坊团队。一般来说，工作坊团队的成员有三类，分别为参与者、规划师与促成者。在工作坊各项规划活动中主要发挥参与作用的即为参与者，如社区居民代表、商家代表等。而具有专业技能，能制定相关方案，为社区出谋划策，组织与参与工作坊各项活动的专家、学者及专业人士，即为规划师团队的一员。牵头发起、协助规划师组织、发动群众参与，为各项活动提供场地、资金等保障的成员则为促成者。促成者同样参与工作坊的各项活动，但并非直接影响参与者的相关决定。组建工作坊团队是构筑工作坊主要参与力量的过程。

　　动员群众参与。宣传部门可以积极开展工作坊宣传活动。群众参与的范围与程度决定共同缔造工作坊开展的顺利程度及其成效。因而动员群众参与，成为工作坊筹划阶段重要的工作内容。在动员群众参与的过程中，规划团队可采取丰富多样的宣传方式，并且向社区居民传递这样的信号：参与工作坊是一个共同为社区发展出谋划策，切实满足群众需求的轻松愉悦的参与过程，从而鼓励群众出于自愿参与工作坊活动。

　　收集共享资料。在工作坊活动的筹备阶段，规划团队需要向参与者提供充足的参与信息。工作坊的共同参与基于成员对规划片区的发展脉络有清晰的认知，特别是对其发展历史的充分把握，这要求工作坊团队成员在工作坊开展之初，对相关信息进行收集与共享。对资料的收集要有所选择，避免过多、过杂的信息阻碍成员创造性地思考。而具有摘要性质的资料，则需要在活动举办前两周提供给规划团队中的参与者与促成者，其他资料则需提前备好，确保在相应活动的开展过程中随时提供。

建立工作坊驻点。工作坊驻点，不仅是工作坊团队推进各项工作的办公点，也是群众参与交流与设计的场所，因而对空间的面积与通畅性有所要求，需要根据社区房屋建筑的实际状况，从协调便利、空间适宜等角度出发确定。由于工作坊驻点在工作坊活动后，往往成为群众共同参与的空间符号，承载群众共谋、共建、共管、共评与共享美好家园的回忆，因而可在工作坊活动结束后，将团队工作过程中留下的图纸、工具或会议记录等物品，用于建设社区展览馆等公共空间。故选择工作坊驻点时，也应尽可能选择社区内较为显眼的建筑空间。

### （2）开展主题活动

主题活动的开展可以由不同部门牵头，包括规划部门、民政部门等，也可以委托第三方专业组织开展社区活动。工作坊主题活动主要有现场调研、咨询会、座谈会（包括圆桌形式、核心小组形式、小型室内群众咨询等）、研讨会（包括与专家、政府的研讨会，大型户外群众咨询）、方案设计、方案交流等诸多内容。不同参与形式活动的举办，目的均在于为群众提供广泛的参与机会，确保规划成果切实体现群众意见与想法。

开展社区调研活动。规划工作坊面对的是复杂的环境与社会问题，需要通过调研认识地区所处的社会环境，并且绘制社区资源图、社区地图等。以社会实践问题为主的调研主要包含两部分内容：以环境为主的调研和以社会问题为主的调研，具体调研方法包括实地考察、访谈、座谈等。

开展社区规划师培训活动。工作坊在社区参与方面取得的成效，不仅体现在具体规划方案的推进与实施中，也体现在社区规划师的培育上。在工作坊活动中，规划师通过通俗易懂的方法培训社区热心于社区建设事务的社区能人，使他们逐渐具备基本的协商技巧、策划能力与规划技能，使之成为服务于社区发展的基层规划力量，即社区规划师。事实上，社区规划师的出现使工作坊可以持续下去，能以专业的社会力量持续地推动社区建设与发展。

开展规划参与活动。以筹建工作坊环节中确定的工作坊驻点为主要场所，围绕规划方案的设计与讨论开展规划参与活动。规划师建立三维模型或实体模型，邀请团队成员与社区不同群体代表讨论方案。参与者对照具体模型，指出自己认为应当改造的空间或管理的事务，规划师将这些意见以纸片或标志的形式记录下来。多元主体针对具体建议进行广泛的讨论与协商，最终形成相对一致的意见。随后，基于对政府与群众意见的归纳与总结，规划师从空间环境改造与机制体制创新入手，将共识意见通过具体方案落实。

开展方案咨询活动。通过规划参与活动，得出相应的规划方案后，工作坊团队开展大型方案咨询活动，征求更广泛的社会群体的意见与建议。相关方案咨询活动，最好选择在群众普遍知道的场所空间内进行，确保吸引大量人流。具体空间可以是室内空间，也可以是室外空间。然而，前者通常会有容纳人数的限制，因而选择群众最易看到或日常活动的室外空间，如在公园等处开展活动更加适合。

### （3）共建美好家园

确定实施时序。通过开展主题活动形成对未来发展的共识，并且明确规划提出的各项建设项目的实施顺序，原则上以群众最满足、诉求最强烈的项目优先。好的规划的实现，能够有效激发居民的信心；而好的实施时序，能够事半功倍，时效超越预期。

寻求部门支持。在经过上述活动过程、形成相应成果后，规划实施主体需要根据方案建设项目的实际需要，探索具体的实施方法，寻求方案实施部门的支持，特别是在经费保障与实施政策方面的支持。例如曾厝垵工作坊设计好渔桥建设方案后，街道办与社区向区政府反馈，通过与公路局、财政局等部门的广泛合作，实现方案的实施。

跟踪调查研究。工作坊团队在完成工作坊内容后，可根据实际需要，对规划片区或社区进行跟踪调查，明确相关规划方案与规划行动是否与最初的设想相符合，是否贴近政府、群众与规划师的共同期望。如果发现实施过程与预期存在偏差，团队可进行进一步分析与研究，通过适当调整方案与实施行动，确保社区形成合理的发展路径。

形成制度保障。工作坊只是为社区居民提供参与的平台，开展工作坊活动的核心是在参与的过程中，让居民学会如何发现社区问题、解决问题，以居民为主体，在党建引领下，探索"横向到边、纵向到底、协商共治"的治理模式；建立公共事务管理制度、培育社区精神，激发居民的主体责任意识。

评价社区成效。探索以社区为主体的评价体系，以社区居民参与度和满意度为主要评价标准。避免将社区是否设置相应职能机构、悬挂牌匾等作为考核社区工作的依据，避免每个职能部门对社区单独组织考核评比。建议由各区统一进行一次综合性考核。

### （4）共享完整社区

共享完整社区需要社区居民共同认可集体劳作的成果，形成社区各项公约。共享的前提是不能随意损坏社区公共环境、占用社区公共空间，并且自觉遵守社区环境卫生、停车管理、自治公约、物业管理公约等准则。同时社区全体居民平等享有完整社区的齐备设施与服务，共享 15 分钟社区步行圈，共享社区的各类文化活动，共享社区的经济发展活力与产业收益，共享良好的精神风尚与温馨友好的社区氛围。

## 4.4.3　工作坊的成果体系

工作坊最终需要将共识转换为社区居民能够看懂并且能够引导公众共同缔造美好社区的行动计划。因此，工作坊的成果体系应当更加适于公众阅读，并且能够指导公众开展针对性的行动。工作坊的成果

体系包括一本报告、四幅核心图、一张项目表、一份社区制度与一套
行动计划。

## （1）一本报告

工作坊的报告并不强调规划的技术性，而是对公众参与过程与
智慧结晶的充分体现。报告反映了社区共同缔造工作坊共识形成的过
程——如何凝聚众人之力共同解决社区问题、建设美好环境与幸福生
活。因此，首先工作坊报告应介绍工作坊开展的背景，社区的发展概
况、资源与问题；其次报告通过图文并茂的形式介绍社区开展的历次
公众参与规划的活动，以及形成的愿景与共识；再次是在这个愿景
下，社区共同讨论出解决方案；再其次是通过协商共治，解决方案得
以落实到系列行动计划中；最后是工作坊通过多方努力，对社区发展
取得的成效进行总结。

### 工作坊报告模板建议

工作坊成果报告建议包括以下内容：

**（1）社区简介**

简述社区概况，包括社区的山水格局、存在的主要资源、面临的主要问题。
充分挖掘社区能人与文化，同时开展反复的调研活动，了解清楚社区的发展历程。

**（2）共识之路**

介绍工作坊开展的背景、参加工作坊的主要人员。邀请相关大学、专业人
士等筹建社区工作坊，组织政府、规划师与社区居民等不同主体开展各种讨论，
共同绘制社区资源地图，发现社区文化特色与主要公共空间，形成对社区发展的
共识。概括工作坊开展过的历次活动，分析每次活动的参与情况、形成的结论。

**（3）愿景与方案**

在达成共识的基础上，通过鸟瞰图、文字描述等形式总结社区的发展愿景，
提出具体的方案，包括空间方案、活动方案等，并形成项目库。

**（4）行动计划**

以群众为主体协商确定实现愿景应当开展的行动计划，结合社区实际需求、
资金保障落实情况等拟定近期需要解决的问题与建设的项目；通过行动计划引
导社区有序开展共同缔造，逐渐缔造完整社区。

**（5）成效与经验**

工作坊是一个动态过程，并非举办一两次活动就能令社区发展产生质的变
化。工作坊需要长时间的坚持，通过对已有成效的总结，形成示范效应，一方

面让居民切身感受前后变化，了解共同缔造能够为自己、社区带来的效益，使共同缔造的积极性得以激发；另一方面结合经验总结，梳理出适合本社区的共同缔造方法，让更多居民能够深入了解共同缔造的内涵与技能，让共同缔造的种子在社区生根发芽。

## （2）四幅核心图

绘制社区资源图。社区资源图能够反映出存在于本社区的有意义、有价值的空间、建筑物或者树木等，比如村庄里的宗祠、风水堂、村口榕树、庙前广场等，老旧小区里的骑楼、老建筑、公共空间等。可通过开展实地调研活动发现这些资源，并通过"点""线"和"面"等方式绘制具有价值的要素；也可以向社区居民，特别是社区长者虚心请教，了解社区发展历史变迁，并通过照片、口述历史等方式呈现。

1 本案例结合厦门市东坪山共同缔造工作坊相关资料整理。

### 案例　厦门市东坪山社区资源图 [1]

**自然资源：** 东坪山社区位于环境优美、风景秀丽的东坪山山脉，被东坪山、大东山、坑仔山所包围，具有丰富的自然资源，包括东坪山山林、水库水塘、奇山怪石、古树、农田资源等（图4-2）。

**人文资源：** 东坪山社区历史悠久，经过几百年的沉淀，东坪山社区现有丰富的人文资源，包括特色闽南古厝、街巷空间、宗祠庙宇、公共空间等。

**产业资源：** 东坪山依托优美的山林环境，适当发展了体验式农业、休闲农庄等业态。

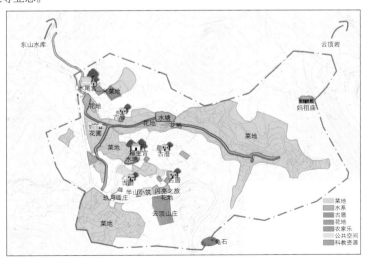

图4-2　东坪山社区资源图

　　绘制社区愿景图。社区愿景图能够充分反映居民对社区发展的共识与美好想象，也是社区凝聚力的重要体现。好的愿景图需要让居民能够看得懂，并且能够为居民传递出丰富、美好的未来想象。结合工作坊开展的活动，规划师需要借助三维模型图、实体模型图等工具，让居民对自己的社区畅所欲言；通过多次头脑风暴和交流碰撞，逐渐形成共识，并由规划师将共识通过图的方式进行展示。

1　本案例结合厦门市莲花香墅共同缔造工作坊相关资料整理。

### 案例　厦门市莲花香墅社区愿景图 [1]

　　莲花香墅位于厦门市思明区的中心，因为位于莲花公园周边，同时分布有精致、高档的别墅群，故这一片区得名"莲花香墅"。但莲花香墅不见"莲花"，片区缺乏识别性，很多人置身莲花香墅片区，却不知自己身在何处。通过充分讨论，居民普遍认为要重新彰显莲花香墅的内涵，达成建设和睦邻里的共识，并规划以"莲花"作为主题，以"香""墅"作为体验对象，凝聚居民、商家、游客各方力量，共同营造莲花香墅大公园（图4-3），让每个进入莲花香墅的人，都能感受到这是带有"莲花"价值符号的、别具特色的、轻松愉悦的体验空间。

　　莲花：象征着纯洁、静谧、高尚、健康、绿色。在喧嚣的城市中，莲花香墅应该成为闹中取静的一片绿洲，让人留"莲"忘返。

　　香：包括味香——提倡健康饮食；茶香——茶道与茶文化体验馆；花香——莲花公园、邻里公园等；书香——书香社区、艺术墟等；禅香——养身会所。

　　墅：对于居民而言，"墅"体现为书香社区，是美好的家园。对于商家而言，"墅"体现为文创街区、健康饮食区等，让人安居乐业。对于游客而言，"墅"体现为莲花香墅大公园，让其一进来就置身于美好的公园环境当中。

图4-3　莲花香墅愿景图

绘制社区发展规划（含项目图）。社区发展规划图是将愿景图进行了实景化、具体化，反映了社区美好的空间布局，融入了开展共同缔造的具体项目。社区发展规划图要能明确传达出共同缔造项目的类型与具体位置，从而为居民参与共建提供指引。社区的发展规划图首先要能回应社区存在的问题与居民反映的诉求；其次要能改善整体宜居环境，完善社区配套设施，以此丰富居民生活；最后要能体现地域特色，避免千篇一律。社区发展规划图，可以指引社区居民共同缔造完整社区。

1 本案例结合珠海市北堤共同缔造工作坊相关资料整理。

### 案例　珠海市北堤社区发展规划图 [1]

珠海市北堤项目的行动计划主要分为四个部分对社区进行改善和提升，分别是美丽街角营造计划、特色风貌塑造计划、品质街区提升计划和交通系统改善计划。其中美丽街角营造计划包括建设儿童乐园、健身天地、休憩空间等，特色风貌塑造计划包括背街小巷墙绘、社区主题营造等，品质街区提升计划包括华富街—前进四街品质提升等，交通系统改善计划包括消防通道控制、规范停车、绿道系统建设等。

绘制场所营造效果图。针对社区存在的资源，包括废弃厂房、闲置空地、房前屋后空间等，可通过共谋开展场所营造，通过文化植入、功能更新、风貌再现等方式，让其发挥更好的社区服务作用。场所营造并非单纯营造一个生硬的空间，或者营造一个充满灌木的观赏性景观，更重要的是能够为周围的人提供实用性功能。场所营造效果图通过现状图与效果图对比，多角度展示设计功能，让居民更容易掌握每个细节，并且针对细节展开讨论。社区当中不乏熟悉工程的热心人士，其对建材、施工等都有一定了解，与其深入交谈能够优化场所营造方案，提出更适宜当地的材质、建设方式等，并能够以居民为主力推动场所营造。

2 本案例结合沈阳市牡丹共同缔造工作坊相关资料整理。

### 案例　沈阳市牡丹社区场所营造图 [2]

位于沈阳市牡丹社区后方的锅炉房，集中供暖以后，不再需要其进行二次加热供暖。锅炉房长期闲置失修，建筑破败。工作坊团队在调研期间积极挖掘社区资源，与居民商讨发现锅炉房具备改造成室内活动公共空间的巨大潜力，并对其进行全新的设计与规划（图4-4），将锅炉房改造为室内休闲活动中心。由于社区内多为沈阳飞机工业集团（以下简称"沈飞"）职工，锅炉房选取飞机元素进行设计，增强社区的认同感。对牡丹社区锅炉房改造内部的功能布局设计主要包含以下几点：①沈飞多功能舞台；②社区基层医疗点；③室内棋牌室；④社区文化展示空间。

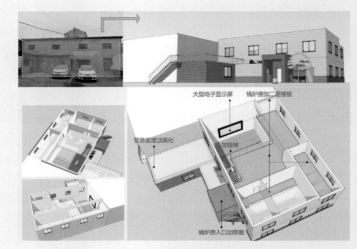

图4-4 牡丹社区场所营造效果图

## （3）一张项目表

共同缔造工作坊可借助项目表，在党委统筹下协调各部门有序参与城乡建设汇总。共同缔造不仅需要以群众为主力，还需要众多部门协同。因此，通过工作坊活动达成社区发展共识后，需要将构建完整社区需要开展的项目仔细梳理出来，形成一张项目表（表4-6）。以项目表库为抓手，明确完成时间、居民参与方式、资金筹措情况、指导协助的部门以及需要党委重点协调的问题等，推动社区、各部门共同缔造美好环境与幸福生活。

### ×× 社区项目表

表4-6

| 类型 | 项目名称 | 计划完成时间 | 居民参与方式 | 资金筹措情况 | 指导协助部门 | 需要协调的问题 |
|------|---------|------|------|------|------|------|
| 场所营造 | 美丽街角 | | | | | |
| | 邻里中心建设 | | | | | |

续表

| 类型 | 项目名称 | 计划完成时间 | 居民参与方式 | 资金筹措情况 | 指导协助部门 | 需要协调的问题 |
|---|---|---|---|---|---|---|
| 场所营造 | 步行街区改善 | | | | | |
| | 其他场所营造 | | | | | |
| 人居环境改善 | 涂鸦展示 | | | | | |
| | 社区历史 | | | | | |
| | 房前屋后杂物清理 | | | | | |
| | 植物认种认养 | | | | | |
| 建设工程 | 加设临时路灯 | | | | | |
| | 增设电梯 | | | | | |
| | 管网改造 | | | | | |
| 制度建设 | 协商议事规则 | | | | | |
| | 社区规划师制度 | | | | | |

### （4）一份社区制度

社区制度并非简单的一纸文件，而是需要居民共同参与讨论、认可并遵守的公约，是全体居民接受的共同准则。协助社区形成协商共治、维护秩序、长效发展的制度也是工作坊的重要任务。探索适合社区的制度并非易事，往往通过反复的交流、培训、学习，居民方能理解制度的重要性。这一过程需要耐心与毅力，这也是工作坊需要1~2年时间扎根社区的原因。

### （5）一套行动计划

行动计划的进行也有赖于居民的共识，缺乏共识的行动计划无法调动居民的兴致与参与的积极性，可见共识对于工作坊的重要性。行动计划需要区分项目或活动实施的难易、先后。一般而言，共同缔造作为长期性的活动，需要通过容易见效的项目让居民切实感受到共同缔造的变化，特别是亲身参与共同缔造感受到的社区归属感提升、美好人居环境改善，从而更愿意投入到共同缔造过程中，并愿意带动身边的人共同参与。行动计划必须切实可行，能够明确主要流程，与社区项目表统筹推进完整社区建设。

# 05

## 美好环境与幸福生活共同缔造的满意度评价

● 一个能够适应不同类型社区特征的评价体系十分重要，美好环境与幸福生活共同缔造成效最终的评判指标是群众的满意度。

● 本章提出了构建美好环境与幸福生活共同缔造满意度的评价思路，改变传统行政自上而下的考核方式，以社区居民满意度为核心，筛选了适合不同类型社区的主要指标与细化指标，通过指标之间不同权重的组合，来衡量城乡社区的活力程度与居民满意度情况。

# 5.1 满意度评价指标构建思路

　　美好环境与幸福生活共同缔造满意度评价指标体系区别于传统行政自上而下的考核方式，以社区居民满意度为核心，衡量城乡社区的活力程度与居民满意度情况。指标体系在生态环境、社区治理、社区服务、人际关系、社区文化、社区保障、社区创新七个方面确定了一级指标（表5-1），并区分了历史文化社区、城市老旧社区、城市新社区、更新型村庄社区、生态型乡村社区这五大类型社区。其中，"历史文化社区"包括历史文化村庄社区、城市老城区等，"城市老旧社区"包括老旧小区、单位转制社区等，"城市新社区"包括新城市社区、创新社区、工业社区等，"更新型村庄社区"包括城中村社区、城边村社区等，"生态型乡村社区"包括远郊村社区、扶贫村社区、小流域等。在此基础上，围绕影响居民对社区满意程度的若干因素，设计细化指标。该指标体系侧重于展现社区居民主观意愿与社区构建相关因素的结合，综合了解居民对社区构建的满意程度。

**共同缔造满意度评价指标体系**　　　　表 5-1

| 一级指标 | 二级指标 | 权重（%） | 基本要求 | 权重（%） |
|---|---|---|---|---|
| 生态宜居（100分） | 景观优美 | 70 | 居民对绿地的分布与养护的满意度较高 | 30 |
| | | | 社区街道、集市、楼道等公共场所卫生整洁 | 40 |
| | | | 社区周边景观环境优美 | 30 |
| | 居民环保意识 | 30 | 居民积极自发参与社区卫生建设 | 100 |
| 治理有效（100分） | 治安良好 | 30 | 安全设施齐全、安全工作到家，社区内治安秩序良好 | 60 |
| | | | 居民对社区内部治安管理的满意度较高 | 40 |
| | 社区管理满意度 | 30 | 社区各项组织管理工作效率高 | 50 |
| | | | 居民对社区租户或物业管理的满意度较高 | 50 |
| | 社区制度建设 | 20 | 社区居委会或物业服务等各项政务、事务管理制度健全且体制完善 | 60 |
| | | | 对社区组织有有效的激励政策和机制 | 40 |

| 一级指标 | 二级指标 | 权重（%） | 基本要求 | 权重（%） |
|---|---|---|---|---|
| 治理有效（100分） | 居民参与社区治理与建设 | 20 | 社区居民代表大会或业主委员会等民主制度健全 | 50 |
| | | | 居民积极提供治理建议并落实迅速 | 50 |
| 服务齐全（100分） | 社区配套设施满意度 | 40 | 社区活动中心、健身场所、绿道等设施齐全 | 40 |
| | | | 社区内幼儿园及中小学等教育资源配备齐全 | 60 |
| | 日常生活服务满意度 | 40 | 社区附近医疗、购物、便民服务、交通站点等使用方便 | 60 |
| | | | 社区有提供家政等家庭保障服务，且服务态度良好 | 40 |
| 人际和谐（100分） | 居民参与 | 20 | 居民自发组建志愿者队伍，参与社区志愿服务 | 100 |
| | 邻里关系和谐 | 60 | 邻里之间和谐相处、家庭和睦，邻里纠纷能通过有效途径快速解决 | 100 |
| | 外来人口融入 | 40 | 非户籍人口对社区公共事务比较了解，并参与社区公共事务的商议讨论 | 20 |
| | | | 非户籍人口积极参与社区共同建设，以出资、出力或出地等方式开展共建 | 40 |
| | | | 非户籍人口参与社区公共事务日常管理，积极参与社区文体休闲活动 | 40 |
| 文化丰富（100分） | 文化传承 | 40 | 社区对历史文化遗迹保存完整或对城乡特色历史文化宣传力度较大 | 50 |
| | | | 居民对城乡历史文化的认同感较强 | 50 |
| | 精神文明建设 | 60 | 社区内设有图书馆、居委会活动室等文化机构 | 30 |
| | | | 社区内不定期开展群众性精神文明活动和邻里交流活动，并且居民能积极参与 | 40 |
| | | | 居民对社区内精神文明创建活动举办频率、活动内容的满意度较高 | 30 |
| 保障到位（100分） | 社会保障制度完善 | 40 | 社区配备有下岗职工再就业安置与技能培训，养老保险等社会保险落实到位，居民的基本生活有保障 | 60 |
| | | | 居民对社区保障措施内容及落实率的满意程度较高 | 40 |

续表

| 一级指标 | 二级指标 | 权重（%） | 基本要求 | 权重（%） |
|---|---|---|---|---|
| 保障到位（100分） | 保障机构健全 | 40 | 社区提供养老服务中心（站）或托老所（居家养老）、残疾人康复站点，并且服务质量良好 | 50 |
| | | | 社区设有托儿所、幼儿教育机构等托幼服务机构，托育师资较高且服务质量良好 | 50 |
| | 居民诉求保障 | 20 | 居民对社区问题的诉求回应快且落实率高 | 100 |
| 发展创新（100分） | 活力提升 | 70 | 社区市政配套设施完善，综合服务体系健全 | 20 |
| | | | 政府、社区、居民等多方参与社区治理，居民自治管理规范且完善 | 30 |
| | | | 社区特色历史文化和人文环境得以延续和发展 | 30 |
| | | | 居民对社区建设、生活改善的满意度较高 | 20 |
| | 智慧治理 | 30 | 信息化的社区服务网络体系建立 | 100 |

# 5.2　满意度指标选取

## （1）生态宜居

良好的生态环境为居民提供了优质的绿色生态体验和进行若干社会活动的条件，是居民对社区满意度的基本体现。"生态宜居"指标通过"景观优美""居民环保意识"两个细化指标分别体现居民对社区生态建设维护水平的满意度以及居民对社区生态建设的参与度。

## （2）治理有效

社区治理强调社区内党委政府、社区组织及居民等多方协同合作，对社区范围内的公共事务进行治理。有效的治理保证了社区日常活动顺利进行，是社区发展及活力提升的重要保障。因此，选取"治理有效"作为一级指标，下设"治安良好""社区管理满意度""社区制度建设""居民参与社区治理与建设"等细化指标。

### （3）服务齐全

社区服务构建体系的完整性与有效性是影响居民社区满意度的重要因素。完善的服务体系既满足了居民日常生活的基本需求，又满足了在日常需求之外的娱乐性消遣需求，丰富了居民生活形式。"服务齐全"指标强调"社区配套设施满意度""日常生活服务满意度"以及"居民参与"等细化指标。

### （4）人际和谐

人际和谐是共同营造熟人社会的追求，也是共同缔造成效的重要体现之一。社区居民的认同感、归属感普遍增强是人际和谐的内在要求，邻里互助是人际和谐的直接体现。非户籍人口的深度融入是社区和谐的显著标志。和谐的人际关系能推动居民共同活动，共同参与社区发展的谋划和建设，并在共同缔造中逐渐从生人社会转向熟人社会。

### （5）文化丰富

优秀丰富的文化能使居民对社区有更高的归属感和自豪感，生活在这样的社区之中，精神生活需求更容易得到满足。共同缔造就是要让社会主义核心价值观在社区各类活动和居民行动中得到落实，使社区历史优秀文化得到充分发掘和有效传承，适应新时代的要求培育和发展具有社区特色的共同精神，开展满足居民精神文化生活需要的丰富多彩的社区文体活动。

### （6）保障到位

社区强有力的保障措施体现了对社区各类人员的关怀，有利于构建和谐友好的社区氛围。"保障到位"指标强调社区对弱势群体如残障人士、老人及小孩的安全、社会利益的有效保证，具体包括"社会保障制度完善""保障机构健全""居民诉求保障"等细化指标。

### （7）发展创新

创新发展强调绿色发展前提下社区的更新和治理方式的转变，是城乡社区提升活力、文脉延续、产业发展必不可少的环节。在社区创新发展过程中应充分考虑社区居民的需求与参与度，这是社区活力得以保持的重要因素，具体包括"活力提升""智慧治理"等细化指标。

不同类型社区针对不同的指标侧重不同权重（表 5-2）。对于历史文化社区，文化丰富占比最高。对于城市老旧社区，在治理、保障和服务等方面占比较高。对于城市新社区，文化丰富、服务、发展创新、保障到位方面占比较高。对于更新型村庄社区，重点构建商家协会与业主协会，植入可持续产业，实现社区与城市功能区的和谐互动，避免过度商业化，提升村庄活力，因此发展创新、生态、治理方面占比较高。对于生态型乡村社区，重点培育新型合作社、理事会、宗亲会等组织，改善乡村人居环境，探索集体经济发展模式，搭建农产品外销渠道，小流域要着重强调污染治理，推动产业发展与生态的可持续互动，因此生态宜居、治理有效、发展创新方面占比较高。

**不同类型社区共同缔造满意度评价重点与权重**　　　　表 5-2

| 类型 | 评价重点 | 生态宜居（%） | 治理有效（%） | 服务齐全（%） | 人际和谐（%） | 文化丰富（%） | 保障到位（%） | 发展创新（%） |
|---|---|---|---|---|---|---|---|---|
| 历史文化社区 | 重点营造有地方记忆的公共场所，传承和彰显地方文化，延续历史空间文脉，因此文化丰富占比最高 | 5 | 10 | 10 | 5 | 45 | 10 | 15 |
| 城市老旧社区 | 重点完善公共服务设施，推广加装电梯，转变居民依赖单位的思维，提升社区自治服务功能，因此在治理、保障和服务方面占比较高 | 5 | 30 | 20 | 5 | 10 | 20 | 10 |
| 城市新社区 | 重点培育社会组织，通过多样化活动集聚人群，缔造熟人社会，创新社区和工业社区等依托特定产业的城市新社区，除了缔造熟人社会，还要强调产城融合，为社区居民提供宜居宜业的公共服务，因此在文化丰富、服务、发展创新、保障到位方面占比较高 | 5 | 10 | 30 | 10 | 15 | 15 | 15 |
| 更新型村庄社区 | 重点构建商家协会与业主协会，植入可持续产业，实现社区与城市功能区的和谐互动，避免过度商业化，提升村庄活力，因此在发展创新、生态、治理方面占比较高 | 20 | 20 | 10 | 10 | 5 | 10 | 25 |

续表

| 类型 | 评价重点 | 生态宜居（%） | 治理有效（%） | 服务齐全（%） | 人际和谐（%） | 文化丰富（%） | 保障到位（%） | 发展创新（%） |
|---|---|---|---|---|---|---|---|---|
| 生态型乡村社区 | 重点培育新型合作社、理事会、宗亲会等组织，改善乡村人居环境，探索集体经济发展模式，搭建农产品外销渠道，小流域要着重强调污染治理，推动产业发展与生态的可持续互动，因此在生态宜居、治理有效、发展创新方面占比较高 | 30 | 25 | 5 | 5 | 10 | 5 | 20 |

**案例　清远市实行"梯度创建"，建立差异化指标**

　　清远市结合"创新、协调、绿色、开放、共享"五大理念，提出生态宜居、产业兴旺、富民兴村、治理有效、乡风文明五大创建工程，并制定了整洁村、示范村、特色村、生态村、美丽田园五大梯度（表5-3），各梯次创建指标由低向高、由易及难。如清远市梯度创建指标表所示，整洁村注重基础好、自治强、村容洁，因此"生态宜居"占比最高，达到75分；示范村强调规划好、设施全、乡风淳，"生态宜居"为56分；特色村强调产业强、百姓富、文化兴，因此"富民兴村"比例达到19分；生态村强调青山碧、绿水秀、乡愁驻，"产业兴旺""富民兴村""治理有效"等比例相对均衡；美丽田园则是最高梯度，强调治理有效、适度规模、三生同步、三产融合，各项指标均为20分，强调均衡、可持续发展。

**清远市梯度创建指标表**　　　　　　　　表 5-3

| 梯度 | 整洁村 | 示范村 | 特色村 | 生态村 | 美丽田园 |
|---|---|---|---|---|---|
| 指标内涵 | 基础好、自治强、村容洁 | 规划好、设施全、乡风淳 | 产业强、百姓富、文化兴 | 青山碧、绿水秀、乡愁驻 | 治理有效、适度规模、三生同步、三产融合 |
| 生态宜居（分） | 75 | 56 | 48 | 40 | 20 |
| 产业兴旺（分） | 4 | 11 | 15 | 17 | 20 |
| 富民兴村（分） | 10 | 14 | 19 | 19 | 20 |
| 治理有效（分） | 6 | 9 | 8 | 10 | 20 |
| 乡风文明（分） | 5 | 10 | 10 | 14 | 20 |

# 06

## 案　例

● 现今已有诸多美好环境与幸福生活共同缔造的成功案例，有许多值得借鉴的经验。

● 本章分享了老旧小区、城边村、扶贫村、历史文化村、城中村等比较常见的社区类型案例，以供参考。

# 6.1　老旧小区：广州市老旧小区加装电梯

1　本案例结合广州市《城市更新中参与式社区规划设计工作坊建设指引与行动计划》进行修改整理。

老旧小区以广州市为典例，[1]重点分享老旧小区加装电梯的共同缔造。广州老旧小区加装电梯的民生诉求强烈。政府通过共同缔造促进居民利益协调，制订政策指引，统筹多部门，下沉服务，构建平台，让居民参与进来，共谋、共建、共管、共享加装电梯。

## 6.1.1　老旧小区人口老龄化，中低层住宅缺乏电梯，民生诉求强烈

人口老龄化、社区老旧化、加装电梯民生诉求强是广州市老旧小区的三大特征。一是人口老龄化。截至 2016 年底，广州市 60 周岁以上的老年人口 154.6 万，其中 16% 是 80 周岁以上高龄老年人，老年人口占户籍人口的比重达到了 17.8%，预计到 2020 年，广州市老年人口占 20%。二是社区老旧化。广州市约 80% 9 层以下的楼梯楼集中在老城区，包括越秀区、荔湾区、海珠区同福路一带等地。以荔湾区为例，荔湾区现有 7~9 层住宅楼 3354 栋，仍有 3165 栋没有加装电梯，加装电梯比例只有 5.6%。三是民生诉求强。初步统计，全市约有 4 万栋老旧楼需要加装电梯。广州 4~9 层的住宅大多没有配备电梯，高层老人出行不便，亟待加装电梯，以便出行。

## 6.1.2　通过共同缔造促进居民利益协调

（1）加装电梯涉及各层业主，利益诉求各异，是件难度大的民生工程

加装电梯不是一厢情愿即能促成。加装电梯涉及整栋建筑各单元业主的利益，有的业主或因电梯获得便利，有的或因电梯受到遮挡。是否加装电梯，电梯加装的建设方案如何选择，安装成本分配方案如

何设定，乃至工程队与电梯公司如何选择，都需要整栋建筑各单元业主进行协商。否则容易意见不合，电梯安装受到阻挠。因此，加装电梯尽管作为民生工程，但却难以得到整栋楼的民心。

**（2）加装电梯需要以共同缔造的理念，促进居民的沟通协商，建立良好的决策机制**

广州市运用共同缔造理念扎实推进老旧小区加装电梯工作。通过制度共建，打下加装电梯的坚实基础；通过党建引领、公众参与，促进共治局面的形成；通过成果经验共享，共建和谐社会美好家园。在广州市加装电梯共同缔造实践中，总结出共同缔造"4个1"模式（表6-1）。

**广州市加装电梯"4个1"模式**　　　　　　表6-1

| 类型 | 内容 |
| --- | --- |
| 1个治理体系 | 党建引领的多元治理体系，通过党建与基层治理结合，调动"区—街道—社区—网格—楼宇"五级力量，形成"纵向到底、横向到边、协商共治"的治理体系 |
| 1套保障制度 | 包括创新市区两级的政策、奖励措施，简化审批程序，推行新材料新技术等 |
| 1组多方协助平台 | 汇聚社会多方力量的第三方平台，包括一站式服务平台、一个旧楼加装电梯联盟、三类社区规划师等 |
| 1份技能指引 | 引导居民加装电梯共同缔造的技能指引，包括共谋、共建、共管、共享的方法体系 |

## 6.1.3　政府制订政策指引，统筹多部门，下沉服务，构建平台

**（1）广州市规划部门创新制度设计，积极出台政策指引**

市规划部门编制印发《加装电梯话你知》小册子，通过漫画的形式，把艰涩难懂的申报审批流程与电梯加装相关技术知识，以亲民易懂的形式表现出来。

## （2）以区作为统筹，区相关职能部门提供专业支持

区委区政府充分发挥优势，推动加装电梯工作与老旧小区改造紧密结合。规划、住房和城乡建设、质监等主管部门依据职能分工编制了相关指引，积极开展咨询、培训、辅导等工作（图6-1）。

### 广州市各区相关职能部门分工

区委区政府形成加装电梯工作计划，成立既有住宅增设电梯工作领导小组，负责全区增设电梯的综合协调和指导服务。

区规划部门负责相关业务咨询培训，提供报建指引和技术解答；报建审批和证件核发；优化辖区内报建和规划审批流程。

区房管和更新部门成立、运行和管理加装电梯服务中心，制定财政补助方案，负责全区加装电梯工作的综合协调，指导申请人提取住房维修基金。

区电梯服务中心提供全流程指引和便捷化服务，提供电梯企业与业主对接的平台，提供志愿者服务平台，提供施工安装等专业类别企业库和合同参考范本。

区公安分局对方案是否影响消防通道及公共安全疏散提出消防要求意见。

区司法部门负责对电梯增设工作所涉及的司法纠纷处理给予法律支持。

区市场监管局整理电梯制造、安装、维保、检测等企业的备选名录。

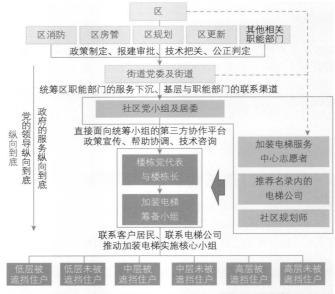

图6-1　广州市加装电梯共同缔造体系

（3）街道及街道党委统筹区职能部门下沉服务，形成社区及居民与职能部门联系的渠道

区相关部门成立电梯加装服务中心，在各个街道设立加装电梯服务窗口，群众可通过街道相关窗口进行联系。通过党委统筹，街道协助筹备小组，把楼栋各户居民纳入平台。各区街道也组织居民参观示范点，参加培训辅导班、咨询会等，利用微信等各种形式，进行加装电梯政策宣讲指引，减少政策推行障碍。

（4）社区居委会搭建桥梁和纽带，适时引导和服务楼栋居民有序开展活动

社区居委会了解掌握电梯加装的一般建设方案、资金分配方案、审批流程以及相关协调方法等。适时充当好"和事佬"角色，做好引导和服务，定期与筹备小组交流信息，及时跟进动态，对电梯加装工作进行规范，确保议事、决策、执行、监督等环节有序进行。

（5）通过筹备小组将楼栋各户纳入协商平台，实现"横向到边"

筹备小组一般由3~5人组成，组织并联系各户居民，促进居民协商，与电梯公司对接，组织报建审批。楼栋党代表与楼栋长，因其协调能力与信服力，结合片区（网格）化管理，由党员干部牵头、已成功加装电梯的退休居民担任志愿者，自发成立"加装电梯服务站"等自治组织，为本街道居民义务提供经验分享、业务咨询。

（6）构建第三方平台，实现"协商共治"

由区牵头，社区党小组和居委、志愿者、电梯公司、社区规划师，组建直接面向楼栋居民的第三方协助平台。第三方协助平台加入加装电梯服务窗口，为居民协商提供建议支持。

### 6.1.4 让居民参与进来，共谋、共建、共管、共享加装电梯

**（1）共谋**

寻找善于沟通的楼栋核心人物，使其成为加装电梯牵头人，对接多方资源，统筹推进筹备工作。社区成立筹备小组，发挥成员各自专长。摸查楼栋社会关系网络，建立技术人才库，借助熟人动员身边人。筹备小组应采用咨询会、座谈会、协调会、私下交流等多种协商技巧，促进加装电梯共识形成。

**（2）共建**

利用社区服务中心、文化站、机关团体单位会议室等设立加装电梯讨论办公室，方便居民协商共议社区公共事务。筹备小组熟悉掌握加装电梯流程，有序推动电梯加装。在摸查业主意向和把握社区发展概况后，筹备小组组织召开业主大会，协商后续事宜。接着引入电梯公司，明确方案，然后业主签字公证，送审方案。电梯加装完成，办理验收和竣工备案，取得特种设备登记证，依照当地规章制度申请财政补贴。

**（3）共管**

公开资金管理，后期长效管理运营，由加装电梯筹备组来负责，或者委托给原本小区自有的物业管理公司。

**（4）共享**

共享并非加装电梯共同缔造的结束，而是巩固加装电梯的坚实成果的途径。共享需形成共同的使用准则与公约，以解决电梯维护与维修问题。

### 6.1.5　老旧小区加装电梯取得良好成效，大大便利居民出行

广州市老旧住宅加装电梯工作在全国起步早、审批建设数量多、惠民实事初显成效，得到住房和城乡建设部及省住建厅的充分肯定。近年来，广州市坚持先行先试，勇于实践探索，扎实推进老旧小区住宅加装电梯民生工作。截至 2018 年，全市审批加装电梯许可达 3300 多宗，惠及民众约 10 万余户，近 40 万人。此项工作在全国起步早、审批建设数量多、工作成效显著，尤其是 2017 年，在相关政策不断完善的情况下，全年度审批建设量达 900 多宗，较上一年度增加 100%。

# 6.2 单位转制社区：沈阳市牡丹社区

单位转制社区以沈阳市牡丹社区为典例。[1]牡丹社区集体认同感强烈，但老龄化和文化缺位问题突出。党建与群团组织协作共同缔造，以空间建设和人文活动为载体实现党群共建、提升社区认同，以组织保障和机制激励形成社区长效治理机制。

1　本案例结合《沈阳市牡丹社区共同缔造工作坊》进行修改整理。

### 6.2.1　社区集体认同感强烈，老龄化和文化缺位问题突出

**（1）牡丹社区是典型的单位制社区，居民集体认同感强烈**

牡丹社区总人口 10187 人，是一个典型的开放式老旧小区。牡丹社区的居民中有接近 80% 为沈飞职工及其家属，社区从建立之初，其维护管理均依托于沈飞集团。对于居民而言，"有事找沈飞"的想法深入人心，单位职工成为其身份认同的重要因素。

### （2）"沈飞人"社区面临老龄化和文化缺位的挑战

牡丹社区 60 岁以上老龄人口占总人口的 31.7%，其中 90~100 岁老人 21 人，100 岁以上老人 3 人，较高的老龄化率意味着社区在养老服务与设施方面需要投入较多的精力（图 6-2）。"蓝天追梦、航空报国"的沈飞文化无疑是牡丹社区的重要精神承载，但在当前小区的软硬件环境中，却难觅其踪影，未能得到有效彰显。

图 6-2　社区房前屋后处于弃管状态

## 6.2.2　党群合作共同缔造牡丹社区

### （1）沈阳皇姑区成立区委缔造办公室，构建党的服务、政府服务纵向到底的机制

在以区委书记担任组长的区委缔造办公室引导下，区委组织部、街道党工委全面下沉到社区，群众问题促进政府各部门协作更加聚焦和灵活。整合区域资源形成合力，使很多企业和商户加入"变关门做生意为开门看社会"的共同缔造中来。

### （2）社区活动资源匮乏推动党建与群团组织的协作，"大党委"成员积极认领改造项目，共同建设牡丹社区

为有效解决社区活动缺乏人力资源支持的问题，群众与政府积极

共谋，通过依托区工会、共青团委、妇联下沉力量，为社区社团活动提供智力与资金。同时，群众反映活动空间匮乏，牡丹社区通过大党委统筹协调企业矛盾，通过工会投入、企业赞助等方式，将闲置锅炉房改造成多功能的"友邻之家"（图6-3）。社区人口老龄化程度高，楼栋保暖一直是社区群众最迫切希望解决的问题。在区委的协调下，发动大党委成员单位沈飞公司与市房产局协商，提前启动牡丹社区"三供一业"改造试点，加装楼栋保温层。

图6-3　改造前的闲置锅炉房，改造后的友邻之家

### 6.2.3　通过参与式讨论吸纳群众意见与智慧，形成发展共识

**（1）以问题为导向形成共谋合力，以参与式讨论吸纳群众意见与智慧**

规划师通过实地调研、参与式讨论等多种方式，与居民、政府等共寻发展问题，确定工作坊突破点，推进社区"再认识"，切实了解居民意见与需求，促发居民对社区事务的关注，畅通居民意见表达的渠道。

## （2）以社区规划师培训提高群众参与的持续性，以愿景凝聚人心、发动人力

规划师组织共同缔造工作坊中热心于社区事务的居民，通过课程培训、项目指导等方式，培育社区规划师，形成可持续的基层规划力量。结合民众意愿与想法，规划师与群众共绘社区发展愿景，以愿景凝聚人心。

## 6.2.4　以空间建设和人文活动为载体实现党群共建，提升社区认同

### （1）居民等多元主体参与共建美好人居环境

街道、社区、企业和居民自发组织志愿者参与工程的监督管理、违建拆除、外墙粉刷、花草种植及进度跟踪等项目（图6-4），共出让劳力200余人次，出让劳工7000余小时，主动拆除违建4000余平方米。社区联合航空实验小学、涂鸦妈妈志愿者服务队共同开展"小手拉大手传递文明，大手拉小手传承精神"主题活动，制作街路小品、文化墙等进行展示。

图6-4　加设凉亭的广场前后对比

### （2）重构社区文化，培育社区精神

以物质空间载体复兴社区文化，征集老照片、工作日记等文化素材，结合沈飞发展历史，打造牡丹社区的航空文化浮雕墙，在牡丹社区文化室展示沈飞不同时期生产的飞机机型，以常态化的展示与教育

基地复兴社区文化。以文化活动载体培育社区精神，发动群众深挖沈飞特有的航空报国文化，以共同记忆唤醒共同意识。牡丹社区大党委积极穿针引线，联合驻地学校与社区合作。代际之间的文化交流为共同精神的培育注入了源源动力。

## 6.2.5　以组织保障和机制激励形成社区长效治理机制

### （1）实施党建引领，探索党建融合机制

创新社区治理方式，形成可复制、可推广的社区治理样本。社区采用"专职委员＋兼职委员"模式，确定社区书记为构建区域化党建工作第一责任人，将9个驻街企业、党政机关的党组织力量凝聚起来，组建社区大党委。发挥自管党员及在职党员的作用，整合辖区内党群资源，组建楼栋党小组，将社区党委事务"化整为零"。

### （2）组建自治小组、楼栋互助小组

发挥社会组织推动作用。牡丹社区建立由居委会牵头、居民群众组成"无物业小区自治小组"，组长以离退休干部、社区能人、热心居民担任。发展居民互助组织，社区园艺互助小组82岁的居民熊福林，平时喜欢在房前屋后种植花草，自从参加园艺小组之后，经常帮助周边居民进行花卉种植指导，小组也从最初的3人，发展到30人。

### （3）积极探索网格自治新模式，抓好微自治

建立试点社区四级网格，即总网格长、包片网格长、网格管理员、网格协理团。如牡丹社区改变原来封闭、前台式办公方式，明确网格区域职责，居民根据自家所在网格区域，找到对应网格员，通过网格员联系相关问题的负责人，强化"一对一"社区服务模式，提高服务效率。

### （4）共同制定社区文明公约，开展公共事务认捐认养认管

发动群众共同制定社区居民公约、社区楼院文明公约等社区准

则，濡染共同精神（图 6-5）。制定公共事务认捐认养认管办法，动员居民认养门前绿植、认管小区内的健身器材，增强居民主人翁责任意识（图 6-6）。

图 6-5　牡丹社区楼院文明公约　　　　图 6-6　居民认养绿地

# 6.3　城边村：厦门市院前社村

1　本案例结合院前社陈俊雄提供资料整理。本案例图片均由陈俊雄提供。

城边村以厦门市院前社为典例。[1] 院前社原先面临衰亡命运，村庄能人率先作为，通过集体组织调动村民开启共同缔造，翻转了拆迁命运，成为宜居宜业宜游的新型农村。

## 6.3.1　院前社村庄建筑衰败，产业不景气，年轻劳力外流

### （1）院前社村庄生态环境良好，一直保有"闽台两岸文化窗口"的魅力

院前社是位于厦门市海沧区的城边村，地处国家 AAAA 级景点慈济宫旅游大片区。常住人口约 754 人，年轻人以外出务工为主，当地中老年人种菜居多（图 6-7）。院前社保有 300 多亩农地，生态环境优良，是厦门市的"菜篮子"。院前社一直保有"闽台两岸文化窗口"的魅力，体现在古厝建筑景观、两岸民俗文化、农耕文化、传奇历史故事

等，拥有古厝、古巷、宗祠、寺庙等具有当地文化和历史意涵的建筑景观，还有正月十七火把节等传统节庆。

图6-7　院前菜地

**（2）村庄建筑衰破与失地农民寻求绿色发展的矛盾日益突出**

村内众多历史建筑被荒置甚至损坏，房屋老旧，加建、违建现象较为严重。村内公共空间被占据或闲置浪费，道路不畅，环境恶劣。村集体经济不佳，农地资源利用少，整体收入不高。劳动力大量外流，村庄产业发展不景气。村庄凋零快速，村民都在等着拆迁，村庄悠久的闽台文化历史的保护受到严峻挑战。

### 6.3.2　村庄能人率先作为，通过集体组织调动村民开启共同缔造

**（1）村庄能人带头，争取试点，组建合作社，带动村民共同谋划决策**

2014年初，村委会组织了陈俊雄等村民参观西山社，陈俊雄反思："如果咱们村也变得（像西山社）那么美，是不是就不用被拆迁

了?"随后,陈俊雄和村主任带领全体村民,共同争取将院前社入列"美丽厦门·共同缔造"试点村。接着陈俊雄把在村里的年轻人和在外地奋斗的"小伙伴们"召集起来,建立起"济生缘合作社",逐步拉开了院前社创新发展村集体经济事业的序幕。与此同时,村委会、老人会中具有威望的干部(包括村主任、小组长等)和乡贤积极宣传共同缔造内涵,积极组织村民实地考察学习,激起村民共同缔造的热情。

### (2)院前社村民共同建设,改善人居环境

村主任和陈俊雄等人推动村民拆除鸡舍猪圈等违章搭盖,共同清理房前屋后环境(图6-8)。在队长的带领下,村民自发自觉排班出工,施工时周围的村民不约而同地出来帮忙。在清理改善村庄环境后,院前社村民退让围墙,拓宽村社道路,方便机动车通行。同时,村民还共同营造大夫第公园广场,将门前空间重新设计成花坛,并插上历史文化介绍牌子,新增了可以停车也可以玩耍的广场空间。大夫第斜对面的一片荒地在以奖代补的资助下,按照村民想法,建设了一个凉亭,为居民提供了良好的休憩空间(图6-9)。

图6-8　村民自发组织清理大行动　　　　图6-9　院前社村内凉亭改造

### (3)村民共同组建济生缘合作社,积极发展村庄产业

院前社组织召开村民会议,探讨组建了院前济生缘合作社,集思广益下,院前社整合村庄农田资源,建设城市菜地,村民以土地、资金等形式自愿入股。接着,院前社建立科普教育基地,开展旅游观光体验活动,拥有古厝、自留地等或具备烹饪、手艺等方面技能的村民都可以提供想法和资源,合作社负责策划实施方案,并对接外部资源,盘活村落闲置资源。为了提高村庄集体收入,合作社认为需要明

确村庄产业定位，抓住亲子同游的市场需求，拓展合作社产业业务，提供参与式休闲活动，包括凤梨酥观光工厂、乡约院前民宿、烘焙布丁 DIY 手艺馆等。

### （4）传统集体组织和新型集体组织共同管理村庄

院前的传统议事组织包括村两委—网格员、村民小组、老人会等，经治理体系架构调整为村民小组、自治理事会（含老人会）、济生缘合作社和群团组织等四大组织，其中，济生缘合作社作为新设立的主要由年轻人组成的新社区组织。四者职责上互有分工同时又有配合，协商统筹村集体环境的整治和村社的发展，有效地撬动了村社环境整治的进行。

## 6.3.3 院前社翻转了拆迁命运，成为宜居宜业宜游的新型农村

### （1）2014 年初院前社以"闽台生态文化村"为发展目标，翻转拆迁村的命运，成为厦门市新 24 景

累积至今共计有 200 多位部厅级领导干部参访，全国 23 个省的各级地方政府皆已到访院前社调研学习，四次进入央视新闻，其中两次新闻联播、一次记住乡愁纪录片。在"一带一路"倡议下，院前社团队走出国门至日本京都大学及印度尼西亚圣那塔达玛大学进行交流，更吸引"一带一路"沿线共计 42 个国家的青年到访院前社听取农村发展经验。

### （2）院前社村民收入大幅提升

院前社的村民自己种菜从每年每亩收入约 3 万元到合作社经营每年每亩收入约 8 万元。随着城市菜地项目的不断发展，合作社的股东也从最初的 15 名增长到了 50 名，约有半数村民已从城市菜地项目中收益。村庄的发展也得到老人、小孩的认可。合作社经常在节庆日开展活动，邀请村民一起游玩、参加聚会，乡村重新展现熟人社会的风采。

### （3）在院前社，城市居民体验乡村魅力，学习耕读国学文化

每逢周末和节假日，依托城市菜地发展起来的摘蔬菜、磨豆浆、识农具、包饺子、烤地瓜等热门项目常常爆满，2017 年接待了超过 30 万游客（图 6-10）。在大夫第内举办的国学堂吸引了多名城乡学子参与，这里不但讲解国学知识，还教授闽南童谣、手偶剧表演、颜氏文化、手工制作、亲子故事会等 10 余项课程（图 6-11）。另外，通过与村民合作，济生缘合作社还将利用闲置的古民居发展咖啡馆、私房菜、民宿、文创工作坊、博物馆等，让这些闲置的古民居既能得到维护又能创造价值。

图 6-10　城市体验基地

图6-11　大夫第国学大讲堂

**（4）党支部走进院前，促进党建交流**

中央电视台新闻联播对院前网格党支部"两学一做"落实方法之"责任清单"进行了重点报道，吸引了越来越多的党支部走进院前，促进了党建交流。

**（5）合作社走向国内外，为乡村振兴提供模式参考**

合作社走进了沈阳、海南、建瓯等不同地区，带动了其他地方的发展。沈阳腰长河村也成立了合作社，并形成了大米等品牌产品。同时，应日本、印尼等国家邀请，合作社走向世界，让世界了解院前速度，感受中国乡村振兴成效与乡村传统文化。

# 6.4　扶贫村：西宁市土关村

1　本案例结合住房和城乡建
设部村镇建设司提供的
《西宁市大通县土关村共
同缔造资料汇编》整理。
本案例图片来源均为《西
宁市大通县土关村共同缔
造资料汇编》。

扶贫村以西宁市土关村为典例。[1] 西宁市土关村以前人居环境差，村民"等、靠、要"思想严重。共同缔造首先转变思想，建立起纵向机制，四方参与共同缔造，改善人居环境，优化乡村治理，推动产业发展，最终共享美好人居环境和同心邻里。

## 6.4.1　西宁市土关村人居环境差，村民"等、靠、要"思想严重

### （1）土关村历史悠久，土族文化丰富

土关村位于大通县西南部。现有人口 697 人，其中劳动人口 326人，正式党员 27 位，预备党员 3 位，村内贫困户 7 户。村民普遍受教育程度不高，大部分为初中文凭。土关村是有着 500 多年悠久历史的土族村落，土族文化丰富，包括省级文物保护单位会宁寺，土族传统服饰，以及"狗浇尿""馓子"等传统美食，土族盘绣等手工艺品等。村庄以第一产业为主，主要种植小麦、油菜、马铃薯等作物。村庄人均年收入为 7830 元，家庭年收入 1 万～5 万元，收入来源主要以外出打工为主。

### （2）村庄人居环境差，生活垃圾和污水随意排放，旱厕粪污发臭，村容村貌缺乏管理和规划设计

村民普遍反映农村生活污水随意排放，水渠垃圾满地，夏天发臭，渠旁小路太窄，通行不方便，小孩容易掉入水渠。村庄几乎全是室外旱厕，夏天臭，冬天冷，而且非常不卫生（图 6-12）。但是土关村缺水且冬季寒冷，普通厕所和污水处理设施无法很好地运作。村内私搭乱建严重，村容村貌缺乏统一有效的管理。村庄规划不接地气，村民参与差，实施性差。公共服务设施设置不合理，村民使用不便（图 6-13）。

图6-12　村民旱厕简陋　　　　图6-13　座椅无靠背，不满足人体需求

（3）村民自治弱，"等、靠、要"思想严重

农村基层党组织领导核心作用不强。村民自治机制薄弱，自治组织不健全。村庄青壮年人口流失严重，人才流失严重，乡贤、能人缺失。村内长期存在的矛盾和问题导致村庄建设难以推进，村民"等、靠、要"思想严重。

## 6.4.2　转变规划师、县镇村干部、村民的思想，建立起"一根红线穿到底"的纵向机制

（1）开展规划师思想转变工作，形成共同缔造共识

通过宣贯会、组织学习理论书刊、观摩学习先进村庄经验，以及邀请李郇教授、厦门院前社村理事长、湖北苍葭冲理事长授课，促进规划师团队从专家转变为村民参谋，工作方法由自上而下转变为自下而上，工作内容从空间规划转变为村庄综合治理。

（2）引导县镇村领导由"指挥员"转变到"辅导员"

工作团队与大通县县镇领导就共同缔造土关村进行多次研讨磋商，最终达成共识，一起提出创新性的共同缔造机制改革措施。

（3）通过贴近村民的、简单易懂的方式引导村民转变思想

工作团队通过座谈会、展示会、歌舞联谊会等活动（图6-14、图6-15），贴近村民，取得村民信任，进一步组织村民会议、观看视

频影像、实地考察、组织村民参加技艺培训，开拓村民眼界，提升村民技能。

图6-14　手工艺品赛宝会　　　　　　　　图6-15　歌舞联谊会

### （4）政府建立起"一根红线穿到底"的纵向机制

将党的领导从县党委到镇党委到村党支部到每位党员贯彻到底，将政府服务从县政府到镇政府到村委会到村庄组织到每一位村民服务到底。建立了"1+4N"村民自治组织，以村党支部为核心，以村委会为支撑，建立村庄合作社、村庄理事会、村民协会、建设监督委员会四类村民组织并以其为抓手，充分发挥普通党员带头作用，做到每一个村民都参与，做到"事事有人想，事事有人干，事事有人管"。

## 6.4.3　四方参与共同缔造，改善人居环境，优化乡村治理，推动产业发展

### （1）土关村四方参与共谋决策

全体村民、政府人员、规划设计团队、社会力量四方共同谋划村庄发展的机制，针对村庄的产业发展、精准扶贫、公共空间整治、基础设施进行谋划。

（2）土关村建立多维度的共同建设体系

房前屋后环境清理项目由村民投工投劳；技术含量较低且工作量较大的项目，如绿化工程（图6-16），由村民参与建设，按照当地工时费领取报酬；技术含量高、施工复杂的项目如粪污处理一体化工程、燃气工程等（图6-17），由村集体作为甲方，经议事程序选择合适的施工队伍进行施工建设。

图6-16 生态小路

图6-17 旱厕改成技术适宜的水厕

（3）土关村建立财务监督共管制度、施工监督共管制度、党员分区监督共管制度

村集体设立了共同缔造账户，资金使用需经村民大会讨论，村民监督委员会、政府人员、共同缔造技术团队共同签字同意后才可使用。施工方面三方共管监督，住房和城乡建设局或者相关委办局提供技术管理支持，设计团队提供技术支持，全体村民及村民代表行使监督权，确保建设工程质量过关。土关村党员分区监督共管，分别负责区域内的房前屋后绿化、公共空间整治等内容，及时发现并提醒村民及相关责任人。

（4）除发动政府及规划师，还发动小学生参与共同评价，培育下一代参与共同缔造

土关村建立由中小学生和村庄老人组成的"小手拉大手"村庄环境共同评价制度，每周打分评价，结果张榜公示，通过奖励先进带动村庄环境卫生意识提升，养成良好的卫生习惯。

## 6.4.4　土关村共享美好人居环境和同心邻里

（1）四清四化环境，进行村庄绿化和河道生态治理，提升村民生活环境品质

村民开展四清四化、村庄绿化和河道生态治理后，道路干净整洁有序，河道清澈干净，村民房前屋后的菜地和绿化生机盎然，用碎石修建成了挡土墙，小树枝修建成了菜园篱笆，既利用了现有的材料，又保存了村庄特色。村民们常常来到生态小路上遛弯活动，观赏自然美景，生态河道也吸引了游客驻足拍照留念。

（2）优化新增公共空间，邻里有了休憩闲聊的好去处

村委会前休憩亭在改造后座椅变宽并加上靠背，村内又多了一处农闲时候大家休息集聚的好去处。村民李永东出让菜地，建成老年幸福

院活动小广场，村民常常在这里下棋拉家常。生态停车场建成后，校车不用停在车来车往的马路上，村民接送孩子安全多了。

**（3）通过共同缔造，土关村村民态度、思想、建设理念等大幅转变，同心建设土关村社区**

村民们态度由消极应付转变成积极主动参与到乡村的建设中，思想意识由原来的"等、靠、要"到现在合力共同缔造，建设理念从"不理解，不支持，不参与"转变为"我能干，我会干，我要干"，乡村治理由原来的"不知情，不参与，不在乎"变为现在建言献策，当家作主。

# 6.5 城中村：厦门市曾厝垵

城中村以厦门市曾厝垵社区为典例，[1] 曾厝垵过度商业化导致环境恶化等问题。因此，多方群体共同组建工作坊，共谋发展共识，发挥本地能人作用，培育社区规划师，最终通过共同缔造构建了社会组织，创新村庄自治管理模式。

1 本案例结合《厦门市思明区曾厝垵共同缔造工作坊》进行修改整理。

## 6.5.1 过度商业化导致曾厝垵环境恶化，文艺氛围消减，村民与商家矛盾冲突

### （1）曾厝垵原是渔村，得益于文艺产业而兴起

曾厝垵社区隶属于厦门市思明区滨海街道，位于厦门岛东南部，三面环山，一面临海，风景秀丽，交通区位良好。1997年，厦门环岛路建成，厦门大学师生于曾厝垵租房作画，行画业兴起，附近IT白领的网络宣传，吸引雕塑家、作家、导演与音乐人陆续入驻。文艺产业与家庭客栈兴起，曾厝垵成为"中国最文艺的渔村"，承接鼓浪屿客源，吸引大量游客观光、游玩。

### （2）产业发展未加调控，过度商业化引发系列问题

过度商业化导致环境恶化，油烟、垃圾影响村庄的整体环境风貌，垃圾乱扔现象严重。空间秩序混乱，村内房屋门牌号混乱，房屋加建、违建严重，部分巷道被阻断成断头路。基础设施匮乏，村庄只有 2 个公厕，没有足够的停车场地，曾厝垵无直接到海滩的通道。文创产业难以支撑商业化的地租，商业逐渐吞噬曾厝垵的文艺气息。对经济利益的追逐激发村民与商家的矛盾（图 6-18），两个群体对曾厝垵未来的发展存在较大分歧。

图 6-18　过度商业化带来不同群体对社区未来的分歧

## 6.5.2　商家、村民、高校、政府等共建工作坊，共谋社区发展共识

### （1）商家、村民、高校、政府等共同组建工作坊

2013 年，厦门市委市政府提出《美丽厦门发展战略》，开展了"美好环境共同缔造"社区参与行动。曾厝垵社区邀请中山大学、香港理工大学、厦门大学开展共同缔造工作坊活动。

（2）在交流中建立曾厝垵未来发展的共识

工作坊团队多次实地随机访谈、座谈、问卷调查，举办多次咨询会议，通过政府、规划师、村民、商家、文化青年等多元主体"面对面"互动交流，了解不同主体对曾厝垵发展的看法，协商具体发展问题与未来发展方向。

（3）面对消防安全和公厕不足等环境问题，共同谋划共同出力

公共部分由政府做好底线消防工作，民宿、店铺等部分由商家配备最基本的消防设施。曾厝垵巷道小，消防车无法通行，因此配备了电瓶消防车、摩托消防车。鼓励商家适当开放店内洗手间供游客使用，一方面满足游客需求，另一方面也可为店内带来人气，招来客流（图6-19）。

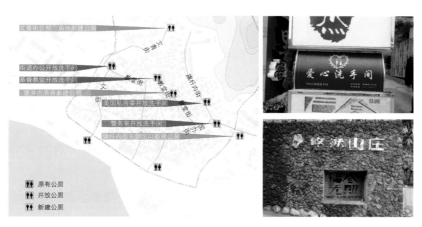

图6-19　公厕的共享设想及实施成果

（4）共谋营造富有渔村记忆的场所

曾厝垵紧靠海边，但环岛路造成了分割，随着游客量激增，环岛路两侧交通成为影响曾厝垵发展的重大问题。通过建设渔桥（图6-20），以更便捷的方式连接曾厝垵和大海，唤起村民们对历史的记忆，同时还可以形成新的景观作为标志性的入口供游客留念，形成环岛路上的一个景点。

图 6-20　建成的渔桥

### 6.5.3　发挥本地能人作用，培育社区规划师

**（1）不同背景的社区能人担任社区规划师，社区规划师自发共同缔造三角地等**

建筑师、艺术家、音乐家、店铺经营者、村民等社区规划师逐步形成共同讨论的机制，参与到各项涉及未来发展的事务之中。例如，朵拉民宿吴老板是社区规划师之一，主动联系三角地周围业主、城果客栈经营者等利益关联方，商讨整治改造方案，为文青街增添一处船型街心小花园，改造实施和日常管理由海岸朵拉旅馆负责。除此之外，由社区规划师村二代小纪设计中山街入口标识（图 6-21）。

**（2）开展社区规划师竞赛，重新梳理曾厝垵村庄空间秩序**

曾厝垵街巷丰富，素有"五街十八巷"之称，游客在街巷中经常迷路。一方面，社区规划师马克与村民民宿主共同绘制设计，建设了独具一格的花迷道；另一方面，曾厝垵社区面向社会、社区规划师开展了曾厝垵标识系统竞赛，并择优进行实施。

图 6-21  三角地改造前后

### 6.5.4  曾厝垵通过共同缔造构建了社会组织，创新村庄自治管理模式

**（1）曾厝垵成立公共议事理事会，构建起自治共管体系**

为建立良好的居民、业主、店主等沟通协商机制，曾厝垵文创村成立了公共议事理事会，并出台了《曾厝垵文创村公共议事理事会议事规则》，明确了议事会理事会的职能（图 6-22）。在组织架构上，公共议事理事会由 3 名社区干部、4 名业主代表、4 名店主代表共同组成，由此保障其真正成为公众参事议事平台。

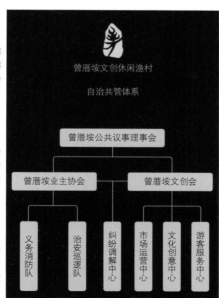

图 6-22  曾厝垵自治共管体系

**（2）曾厝垵文创会在推动文创村改造升级的过程中扮演重要角色**

通过"软硬兼施"，曾厝垵文创会有效地推动社区升级改造。软的方面包括全程参与文创村建章立制，全程规划文创村品牌形象，举办首个文青节且连续举办四届，策划彩绘文化艺术节，建设活动基地曾厝垵文创中心，成立经营者联合党支部等，从而更好地服务社区，实现共同缔造。硬的方面包括全面配合美丽厦门"五街十八巷"项目改造，宣传发动文创会骨干和经营者联合党支部党员带头关店，每条街修建平均影响两个月，每个月每个店铺保守损失平均2万元（不算盈利，只算成本），"愿景"和"坚信"成为敢于牺牲当前利益的根本。此外，协助政府对沿街立面进行设计改造。

**（3）曾厝垵文创会集思广益建立内生机制，解决协会的生存问题**

其一是打造知名品牌，连续四年举办曾厝垵网络口碑最佳品牌、风情民宿、文艺店铺等评选活动，还推出"党员先锋岗""党员示范店""党支部推荐放心店"挂摘牌制度。其二是收取会员费，主要找大户收，小户筹工筹劳或以其他方式参与。其三是开展慈善活动，树立责任。其四是开展闽台交流活动，学习经验，扩大影响。其五是履行类似于景区管委会的部分职能，当好政府助手，如游客咨询、商家管理、纠纷调解等，申请"政府购买服务"和"以奖代补"项目。

**（4）曾厝垵以空间为载体，培育本土社会组织，实现五位一体的发展**

基层（组织）建设——政治建设，社区建设——社会建设，经济水平的提高——经济建设，社区特质的凸显——文化建设，人与自然的和谐——生态文明建设。

# 6.6 历史文化村：广州市深井村

历史文化村以广州市深井村为典例。[1] 深井村历史悠久，整体环境待改善，产业发展遇瓶颈，村民收入低。政府、规划师、社区居民等多元群体联合启动工作坊，确立办公驻点，引入社会资源，发掘古村人文资源，通过多样的公众参与活动，形成发展共识，依托活化古建带动村庄发展。

1 本案例结合《深井村微改造工作坊》整理修改。

## 6.6.1 深井村整体环境待改善，产业发展遇瓶颈，村民收入低

深井村历史源远流长，名人辈出，历史、经济、文化沉淀丰厚。深井村位于广州市黄埔区长洲岛，格局完好，保留了非常多的古建筑（图 6-23），村居清静，生态环境优美，珠江碧水环岛，河涌蜿蜒村间，果林绕村居而茂（图 6-24）。目前常住人口 12356 人，只有 30% 的原住民住在村内，以老年人为主，年轻人多外出打工。深井村有着 700 年历史，历史上长洲和深井是外国商人的居住地和采购补给地带，称为"丹麦人岛"。明清时期，深井村商贸文化繁荣，因黄埔船厂、船坞为人所知。深井出现过"一门七进士"的世代书香门第，对外文化交流密集，社区内外现存有教堂和外国人公墓等。18 世纪中期，深井村被定为法国海员的休憩地，故被称为"法国人岛"。民国时期，深井村成为重要的船舶工业、军事要塞、军工基地和革命摇篮之一。

深井村社区面临交通不便、人居环境衰败、产业发展乏力落后等问题。深井村现有道路无法满足高峰时期来自大学城、过境车辆及本岛机动车的通行要求，经常堵车，对外交通不便。深井村具有良好的生态环境基底，但古村内部部分建筑外墙破旧，新建建筑与周边环境不协调，三线杂乱情况严重，缺少休闲活动空间，公共空间绿化景观需改造提升。深井村产业发展以农业为主导，传统产品的耕作和产

图 6-23　深井肖兰凌公祠

图 6-24　深井村航拍图

出受虫害及酸雨影响。现代农业及体验式农业初具规模，但由于缺乏整体策划和运营，目前经营较为冷清。年人均集体分红仅 700 元，远低于广州市其他村集体。

### 6.6.2　多元群体联合启动工作坊，确立办公驻点

#### （1）多元群体共建启动深井共同缔造工作坊

在各级政府与有关部门的领导下，联合长洲街道办、深井村经联社、深井居委会、中山大学中国区域协调发展与乡村建设研究院、广州市城市规划勘测设计研究院、广东城印城市更新研究院共同组建深井工作坊，以多方参与的"社会治理"推动深井古村微改造与活化发展。

#### （2）工作坊确立驻点，定期探讨深井村发展问题，落实改造提升工作

工作坊以深井村丛桂坊 8 号为工作驻点，作为日常工作团队内部讨论、与村民交流的场所。每两周开展微改造村落活化例会，邀请城市更新局、长洲街道、村委代表、村民代表参加，沟通村民需求与村庄发展的落实，共促深井发展。

### 6.6.3　引入社会资源，通过活化古建筑带动村庄发展

#### （1）工作坊引入社会资源，培育"益生菌"

工作坊选取老建筑活化创投竞赛、明德轩文化沙龙、安来市节点勘测设计、深井工作坊入驻飞扬阁等多个"益生菌"，不断植入文化创意元素，形成示范效应，带动古村发展。

#### （2）活化肖兰凌公祠、正吉大街 14 号、德星里 2 号等古建

在肖兰凌公祠开展乡村课堂，借此活化老祠堂，肖兰凌公祠重新成为村民、外来参观者认识深井的重要空间节点（图 6-25）。以正吉大街 14 号为试点，鼓励年轻创业者提出老建筑活化的无限创意。深井工作坊联合多方单位举办"深井村历史建筑活化利用策划及创投竞赛"，吸引年轻创业者提出改造和商业运营方案。以德星里 2 号为代表，探讨私人古建物业活化利用为公益性项目的路径。经工作坊、街

图 6-25　肖兰凌公祠成为培训社区规划师的课堂

道、村委与业主沟通，业主同意免费提供私人物业用作公益性设施（社区图书馆）若干年，由政府出资修缮。同时，将空置管理用房"飞扬阁"打造为社区文化中心。

### 6.6.4　发掘人文资源，通过多样的公众参与活动，形成发展共识

#### （1）发掘本土社群，延续传统活动，凝聚村落精神

工作坊团队融入村民集体，收集文化素材，包括深井耆英会、端午龙舟饭等，通过社区中心、网络平台进行深井文化推广。举办蜗牛市集，搭建文化交流活动平台。建立"发现深井"公众号，宣传文化。

#### （2）通过多样的公众参与活动，吸引大学生、新老村民参与

多样的公众参与活动包括组织 300 名大学城学生走访古村及问卷调查、大学生古村摄影征文比赛、"耕读传家、文创兴村"中大学生

深井村规划作业展、新老村民茶话会、深井微改造策划方案公示讨论会、小学生"我和我的美丽深井"夏令营、中秋游园会等。初步统计，深井工作坊共举办活动 30 次、参与式空间设计 6 处、古建共同活化 3 处，构建了多方参与的平台，建立了互动互信良好的群众基础。初步形成以"社区治理"推动深井微改造的模式，通过多方参与、上下联动，共同明确深井"干净、安静、宁静"的特点，共同认识村落发展需求，形成以"耕读传家、文创兴村"为方向推动深井微改造的发展共识，形成以社区治理带动村庄发展的态势。

# 参考文献

[1]　李郇，刘敏，黄耀福．共同缔造工作坊：社区参与式规划与美好环境建设的实践 [M]．北京：科学出版社，2016.

[2]　吴良镛．人居环境科学导论 [M]．北京：中国建筑工业出版社，2001.

[3]　王蒙徽，李郇．城乡规划变革：美好环境与和谐社会共同缔造 [M]．北京：中国建筑工业出版社，2016.

[4]　徐勇．中国家户制传统与农村发展道路——以俄国、印度的村社传统为参照 [J]．中国社会科学，2013（8）：102-123+206-207.

[5]　爱德华·格莱泽．城市的胜利 [M]．刘润泉，译．上海：上海社会科学院出版社，2012.

[6]　CRESSWELL T. Place：an introduction[M]. Hoboken：John Wiley & Sons, 2014.

[7]　王蒙徽，李郇，潘安．云浮实验 [M]．北京：中国建筑工业出版社，2012.

[8]　吴良镛．明日之人居 [J]．资源环境与发展，2013（1）：1-5.

[9]　路易斯·沃斯．作为一种生活方式的都市生活 [J]．赵宝海，魏霞，译．都市文化研究，2007（1）：2-18.

[10]　邱梦华，秦莉，李晗，等．城市社区治理 [M]．北京：清华大学出版社，2013.

[11]　武廷海．吴良镛先生人居环境学术思想 [J]．城市与区域规划研究，2008，1（2）：233-268.

[12]　黎熙元．现代社区概论 [M]．广州：中山大学出版社，1998.

[13]　李慧凤．社区治理与社会管理体制创新 [D]．浙江：浙江大学，2011.

[14] 吴群刚，孙志祥. 中国式社区治理 [M]. 北京：中国社会出版社，2011.

[15] 侣传振. 从单位制到社区制：国家与社会治理空间的转换 [J]. 北京：北京科技大学学报，2007，23（3）：44-53.

[16] 梅记周，陈明. 改革开放以来工作单位社会的变化及其治理困境 [J]. 学术论坛，2013（1）：17-25.

[17] 西村幸夫. 再造魅力故乡——日本传统街区重生故事 [M]. 王惠君，译. 北京：清华大学出版社，2007.

[18] 李多惠. 没有房顶的美术馆：韩国的村庄艺术项目 [J]. 公共艺术，2016（3）：98-101.

[19] 朱彩清. 让历史、现在与未来共生息——韩日都市更新专题考察与启示 [J]. 城市住宅，2016，23（4）：6-9.

[20] 魏寒宾，唐燕，金世镛. "文化艺术"手段下的城乡居住环境改善策略——以韩国釜山甘川洞文化村为例 [J]. 规划师，2016，32（2）：130-134.

[21] 约瑟夫·E 斯蒂格利茨，阿马蒂亚·森，让－保罗·菲图西. 对我们生活的误测：为什么 GDP 增长不等于社会进步 [M]. 阮江平，王海昉，译. 北京：新华出版社，2011.

[22] 亨利·丘吉尔. 城市即人民 [M]. 吴家琦，译. 武汉：华中科技大学出版，2017.

[23] 霍华德. 明日的田园城市 [M]. 金经元，译. 北京：商务印书馆，2009.

[24] 金经元. 再谈霍华德的明日的田园城市 [J]. 国外城市规划，1996（4）：31-36.

[25] 吴良镛. 广义建筑学 [M]. 北京：清华大学出版社，1989.

[26] 阿摩斯·拉普特. 建成环境的意义——非言语表达方法 [M]. 黄兰谷，译. 北京：中国建筑工业出版社，1992.

[27] 李郇，黄耀福，刘敏. 新社区规划：美好环境共同缔造 [J]. 小城镇建设，2015（4）：18-21.

[28] 简·雅各布斯. 美国大城市的死与生 [M]. 金衡山，译. 南京：译林出版社，2006.

[29] 侯志仁. 城市造反：全球非典型都市规划术 [M]. 台北：左岸文化事业有限公司，2013.

[30] 红安县人民政府，柏林寺村人民政府，中国城市规划设计研究院. 湖北省黄冈市红安县柏林寺村脱贫攻坚和美丽宜居乡村建设共同缔造示范规划 [R]. 2018.

[31] 中华人民共和国住房和城乡建设部，青海省住房和城乡建设厅，西宁市人民政府，大通县人民政府，景阳镇人民政府，土关村两委及村庄组织，北京建筑大学. 美好环境与幸福生活共同缔造示范——青海省大通县景阳镇土关村 [R]. 2018.

[32] 中国中建设计集团有限公司. 麻城市阎家河镇石桥垸村美好环境与幸福生活共同缔造实施方案 [R]. 2018.

[33] 中国建设科技集团，中国建筑设计研究院. 青海省西宁市湟中县上新庄镇黑城村美好环境与幸福生活共同缔造 [R]. 2018.

[34] 广州市黄埔区城市更新局，中山大学. 深井村微改造工作坊项目报告 [R]. 2018.

[35] 广州市国土资源和规划委员会，中山大学，广州中大城乡规划设计研究院有限公司. 广州市城市更新中参与式社区规划设计工作坊建设指引与行动计划 [R]. 2018.

[36] 厦门市思明区鹭江街道办事处，中山大学，华侨大学，厦门大学. 厦门市鹭江剧场文化公园片区共同缔造工作坊 [R]. 2014.

[37] 厦门市思明区滨海街道办事处，中山大学，厦门大学，香港理工大学. 厦门市美好曾厝垵共同缔造工作坊 [R]. 2013.

[38] 厦门市思明区嘉莲街道办事处，中山大学，香港理工大学，台湾逢甲大学. 厦门市莲花香墅共同缔造工作坊 [R]. 2014.

[39] 厦门市思明区莲前街道，中山大学，华侨大学，厦门市城市规划设计研究院. 厦门市思明美好东坪山共同缔造工作坊 [R]. 2014.

[40] 厦门市海沧区缔造办，中山大学，台湾大学. 海沧区美好环境共同缔造报告 [R]. 2015.

[41] 中山大学. 美好环境共同缔造——思明经验 [R]. 2014.

[42] 沈阳市皇姑区三台子街道办事处，中山大学，广州中大城乡规划设计研究院有限公司. 沈阳市皇姑区牡丹社区共同缔造参与式规划 [R]. 2017.

[43] 珠海市住房和城乡建设局，广州中大城乡规划设计研究院有限公司，珠海市建筑设计院. 珠海市北堤社区共同缔造工作坊 [R]. 2017.

# 后记

　　共同缔造是我们探索跨越发展、实现绿色发展的必然选择，是实现以人为本的必经途径。我国幅员辽阔，地域差别大，共同缔造不是一种模式就能放之四海而皆准。在持续的实际操作中，共同缔造并非一帆风顺，既有成功案例，也有失败案例。不断的实践使我们明白，哪些是社区共同缔造共通的可行做法，例如人们都愿意社区人居环境更美好，通过房前屋后等居民关心的身边小事能够激发人们的主动性；而哪些做法是针对特定类型社区的，例如在历史文化社区，人们更关注社区历史文化能不能得到很好的传承；在老旧社区，占大多数的老年居民更关心社区公共服务好不好，能不能创造出行更方便、交流空间更充裕的老年生活。共同缔造需要根据当地居民实际需求确定对应的项目和活动，广泛动员社区居民参与这些项目和活动的决策、建设和管理全过程，让群众有意愿、有平台、有途径参与共同缔造活动，把"要我做"变成"我要做"。

　　《致力于绿色发展的城乡建设　美好环境与幸福生活共同缔造》旨在分享共同缔造的一些实践经验与建议，介绍了美好环境与幸福生活共同缔造的内涵与行动开展指引，并结合国内外主要城乡的案例进行阐述。汲取实践所获，能使我国各地更好地开展共同缔造，更好地实现我国以人为本的科学发展。

　　本编写小组由厦门市政协副主席钟兴国、中山大学中国区域协调发展与乡村建设研究院院长李郇、全国老龄办副主任朱耀垠、中山大学地理科学与规划学院博士研究生黄耀福和硕士研究生周金苗组成。此外，李敏胜先生、陈舒杨女士、陈俊雄先生、高政威先生、刘伟先生等也做了一定工作，他们的成果在本书中都有所反映。除特别注明外，本书图片均为作者拍摄或提供。章前页图片拍摄者或提供者分别为：第1章、第3章，周宇涛；第2章，邓佳芬；第4章，卞世瑞；第5章，周锐；第6章，院前社济生缘合作社。住房和城乡建设部城市管理监督局牵头，房地产市场监管司、城市建设司、村镇建设司协助本书编写工作。

由于时间限制，本书难免有错漏，欢迎各方人士提供修改意见或建议，我们会根据意见进行逐步完善，以期为绿色发展下我国城乡建设中美好环境与幸福生活共同缔造提供更多有益的思考与探讨。

李郇

2019 年 3 月